少儿漫画版

百问百答 系列

焦庆峰◎主编

我人生中完美漫画科普知识全书

哇呵！很有意思！

恐龙世界

U0208342

黑龙江美术出版社
Heilongjiang Fine Arts Publishing House
http://www.hljmscbs.com

图书在版编目（ＣＩＰ）数据

恐龙世界 / 焦庆峰主编 . -- 哈尔滨 : 黑龙江美术出版社 , 2018.6
　（百问百答系列）
　ISBN 978-7-5593-2802-1

　Ⅰ . ①恐… Ⅱ . ①焦… Ⅲ . ①恐龙－少儿读物
Ⅳ . ① Q915.864-49

中国版本图书馆 CIP 数据核字 (2018) 第 084787 号

 百问百答系列 BAI WEN BAI DA XILIE | 恐龙世界

主　　编：焦庆峰
责任编辑：颜云飞
装帧设计：鸿状元文化
出版发行：黑龙江美术出版社
社　　址：哈尔滨市道里区安定街 225 号
邮政编码：150016
发行电话：（0451）84270522
网　　址：www.hljmscbs.com
经　　销：全国新华书店
印　　刷：三河市腾飞印务有限公司
开　　本：787mm×1092mm　1/16
印　　张：8
版　　次：2018 年 6 月第 1 版
印　　次：2018 年 6 月第 1 次印刷
书　　号：ISBN 978-7-5593-2802-1
定　　价：32.80 元

为了增进孩子们的科学素养，解答他们在生活中、学习中遇到的各种问题，我们推出了这套《百问百答》丛书。本套丛书共分 10 册，涵盖了动物、植物、人体、宇宙、科学、军事、恐龙、交通、地球、海洋的趣味知识。本套图书知识丰富、定位准确，专为低龄儿童倾心打造，能够帮助孩子们增长知识、开阔视野，有助于他们了解科学知识，提高文化素质，增进阅读能力。

本书采用一问一答的形式，在为孩子解惑的过程中，让孩子们感受求知的乐趣，渐渐养成积极、全面的思考习惯，对增进孩子们的科学文化知识将起到积极的促进作用。

本书语言通俗易懂，符合孩子们的认知特点。在编排形式上，我们追求活泼、大方、图文结合的方式，力求符合儿童的审美情趣。相信孩子们在读完这套《百问百答》之后，会收到意想不到的学习效果。在此，我们也衷心祝愿每一个小读者在这套《百问百答》的陪伴下快乐成长！

目录

目录

目录

目录

第一章
认识真正的恐龙

东东，你知道恐龙什么样吗？

我在公园里见过恐龙模型，它们可大了！

你没仔细观察，还有跟母鸡差不多大的恐龙呢。

孩子们，恐龙种类众多，体型大小不一。比如震龙的体长有36米，体重有80吨重；最小的恐龙体长只有70厘米左右，确实像只母鸡那么大。

为什么恐龙叫"恐龙"呢？

说到"恐龙"这个名字的由来，其中还有一个小故事呢！在19世纪的英国，有一个乡村医生叫吉登恩·曼特尔，他特别喜欢收集各种各样的化石。有一天，他的太太玛丽在郊外发现了几颗动物的牙齿化石，因为丈夫喜爱化石，因此她就把它们带回了家。一个偶然的机会，吉登恩·曼特尔向生物学专家请教关于这些牙齿化石的有关问题，并对它们进行了长期深入的探究。最后，他发现这些化石属于人类从未发现过的一种动物。后来，吉登恩·曼特尔把这种动物命名为"禽龙"。而那些人们之前发现的庞大的骨骼化石，都是属于这种人们从未听说过的"禽龙"的化石。

 禽龙

由于"禽龙"的化石非常巨大，英国的一位古生物专家推测这种动物体型庞大，令人望而生畏、心生恐怖，因此便称它为"恐龙"。之后，"恐龙"这个词传入日本，再由日本传入中国，"恐龙"这个名字也就渐渐地在全世界传播开来。

小知识拓展

恐龙化石

恐龙化石就是恐龙死去之后，它们的身体慢慢腐烂、消失，而其中的骨骼和牙齿由于坚硬的质地而保存了下来，之后被埋藏在泥沙之中。由于长期隔绝氧气，这些骨骼和牙齿经过几万年的风化，仍然保存完整，这才有了我们今天看到的恐龙化石。

为什么说最早发现恐龙的是吉登恩·曼特尔？

答 1822年，吉登恩·曼特尔在郊外的岩石里捡到了一种巨大的牙齿化石，后来他又收集到了很多这样的巨型牙齿和骨骼化石。当时的吉登恩·曼特尔并不知道这些庞大的化石是属于哪一种动物的。因为在此之前，人们对"恐龙"这种庞然大物一无所知。1825年的时候，威廉·巴克兰发表了一篇描写"巨齿龙"的论文，吉登恩·曼特尔这才知道他发现的化石是属于一种巨大的陆生爬行动物的，之后他给这种庞然大物起了一个名字叫"禽龙"。

恐龙

恐龙生活在大约 2.3 亿年以前，是一种陆生爬行动物。它们四肢矫健，尾巴颀长、身躯庞大，主要生活在海岸平原的森林里，在开阔地区也可以看到它们的身影。

为什么恐龙
有那么多千奇百怪的名字？

每个人都有自己的名字，恐龙也一样，每种恐龙也都有自己的名字，像热河龙、孔椎龙、宣化龙、狭盘龙、林龙、棘甲龙等等。这些名字难道是恐龙自己给自己起的吗？当然不是了，它们可没有我们人类这么高的智商。恐龙的名字当然是研究它们的专家和学者们起的，而且还要经过科学界的一致认定才算生效，所以说给恐龙起名字也不是那么随便的。专家和学者们给恐龙取名字，主要是依据它们的体型和生活习性。例如，有一种叫

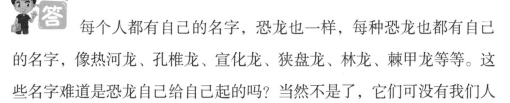

◆ 鹦鹉龙

鸟龙的恐龙，就是因为它的外貌、习性和如今的鸵鸟比较类似。鹦鹉嘴龙，顾名思义，因为它们的嘴巴像极了鹦鹉的嘴巴；给恐龙命名的另外一种依据就是发现它们的地方。例如，里奥哈龙名字的由来就是阿根廷里奥哈省，因为里奥哈龙最早是在这个地方被发现的；还有一种起名字的依据就是以这种恐龙的发现者或是杰出研究者的名字。例如，英国有一个小女孩，名字叫黛西·莫里斯，她在海边捡了一颗化石，而这颗化石的主人在历史上并没有被发现过，因此科学界就把这种新发现的恐龙命名为了"黛西·莫里斯"，用了小女孩的名字。

小知识拓展

恐龙之最

　　最早的恐龙是始盗龙，最迟的恐龙是角龙类，体形最大的恐龙是易碎双腔龙，体形最小的恐龙是近鸟龙，牙齿最长的恐龙是霸王龙，最高的恐龙是极龙，最长的恐龙是地震龙，脖子最长的恐龙是马门溪龙，最聪明的恐龙是锯齿龙，眼睛最大的恐龙是奔龙，寿命最长的恐龙是长颈素食恐龙，善于在水中生活的恐龙是长颈素食恐龙。

◆ 槽齿类恐龙

为什么说槽齿类是恐龙的祖先？

 槽齿类和鼬龙类是三叠纪时期最重要的爬行动物。槽齿类是之后很多爬行动物的祖先，而鼬龙类是很多哺乳类动物的祖先。槽齿类动物的牙齿长在齿槽里，它们身材硕大，四肢强健，和恐龙极为相似。到三叠纪中后期的时候，鼬龙类逐渐衰亡，而槽齿类却大量繁衍开来，随着物种长期地发展演变，最终演化出了称霸一时的恐龙。

三叠纪

三叠纪，大致是 2.5 亿年到 2 亿年前的一个时期，在它之前是二叠纪，之后是侏罗纪。三叠纪最主要的标志是红色砂岩，它与二叠纪和侏罗纪的分界线都是以生物灭绝事件为标志。

为什么说恐龙和蜥蜴没有关系？

古生物学家通过研究发现，恐龙和蜥蜴没有什么联系。所谓恐怖的蜥蜴只不过是根据化石形状主观臆断的结果。它们尽管都属于爬行类动物，但是，它们之间差别很大。研究证实，恐龙由海洋微生物进化而来，最初进化为鱼类，然后是两栖类动物，最后是爬行动物。当我们发现它们化石的时候，时间已经飞逝了几亿年。

在恐龙生活的时代，爬行类动物在地球上处于统治地位。在那个时候，地球上存在着很多种恐龙，仅被人类发现的就多达800多种，尚未被人类发现的或许还更多。另外，我们提到恐龙就想象出它那庞大的身躯和锋利的牙齿，其实，并不是所有的恐龙都有硕大的身躯，它们有的非常小巧，乖巧可爱。比如，不足一米的鹦鹉嘴龙就属于这种类型，目前珍藏在中国古动物馆。当然，也有非常硕大的恐龙，比如，马门溪龙的身长就达到了22米。

我们可以充分发挥我们的想象力，恐龙的时代地球上是多么热闹的一番景象啊。大小各异，特性不同的恐龙生活在地球上的各个角落，它们有的用两条腿走路、有的则用四条腿走路、有的以植物为食、有的以捕获动物为生、有的性情温顺、有的则冷酷暴虐。可以毫不夸张地说，那个时代的恐龙是毋庸置疑的地球之主。

◆ 马门溪龙

在原角龙头化石被发现之前，科学家一直无法弄清楚恐龙是如何繁育后代的。直到古生物学家发现了原角龙头骨化石，并且发现了它们的巢穴，另外还发现了几处鹅卵形的化石，在两个破碎的蛋内发现了两个原角龙的胚胎骨骼化石，这雄辩地证明了恐龙的确是会下蛋的。

恐龙蛋

恐龙蛋是异常稀少的古生物化石，于1859年在法国南部的白垩纪地层中被发现。根据科学研究的结果，恐龙蛋化石的形态各不相同，有圆形的，椭圆形的，还有类似于橄榄形的。恐龙蛋的大小也相差很多。通过研究恐龙蛋化石，古生物学家可以推测恐龙的繁殖习性和生存环境，对于探索恐龙灭绝的原因也有重要意义。

为什么说恐龙是时代的统治者？

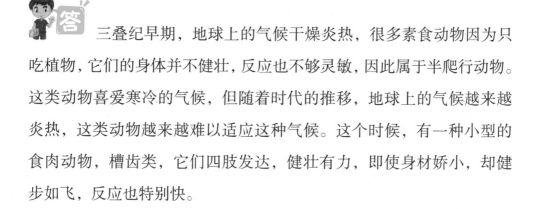

答　三叠纪早期，地球上的气候干燥炎热，很多素食动物因为只吃植物，它们的身体并不健壮，反应也不够灵敏，因此属于半爬行动物。这类动物喜爱寒冷的气候，但随着时代的推移，地球上的气候越来越炎热，这类动物越来越难以适应这种气候。这个时候，有一种小型的食肉动物，槽齿类，它们四肢发达，健壮有力，即使身材娇小，却健步如飞，反应也特别快。

　　槽齿类动物的这种先天优势使它们能适应这种越来越干燥炎热的环境，因此它们大量繁衍，拥有了强大的集体力量，把那些素食动物压制住了。三叠纪中晚期，槽齿类动物经过长期的进化，逐渐演化成了我们现在所说的恐龙。优胜劣汰，适者生存。恐龙正是适应了当时的生存环境，才渐渐发展壮大，成了时代的统治者。

小知识拓展

肉食动物

　　以肉类为食的动物，其主要特点是四肢健壮有力，反应灵敏，牙齿锋利，有食肉齿。它们的食肉齿就像一把锋利的剌刀，可以将软骨、韧带等咬断。食肉动物具有很强的攻击性，速度之快也是无人能及。常见的食肉动物有老虎、狮子、豹、狼等。

为什么说恐龙雄霸了地球将近 2 亿年？

　　答 我们的地球母亲大约诞生在 4.5 亿年以前。4.5 亿年是个什么概念呢？如果把地球从诞生到现在的时间看作是一年的话，那我们人类出现的时间只有短短二十几分钟。而恐龙诞生的时间大概是在 2.25 亿年以前，当时被古生物学家划分为中生代，中生代的意思就是中间的生物年代。中生代时期地球上的爬行动物数量庞大，势力强盛，体型硕大的恐龙更是成了中生代的统治者。然而不幸的是，大约在 6500 万年以前，也就是白垩纪时代末期，一场声势浩大的生物大灭绝事件，使威风一时的恐龙彻底从地球上销声匿迹了。

从 2.25 亿年前恐龙的诞生，到 6500 万年前的恐龙大灭绝，恐龙在地球上生活了将近 2 亿年的时光，也整整雄霸了地球将近 2 亿年。

小知识拓展

生物大灭绝

又叫生物大绝种，指大规模的集体大灭绝。整科生物、整目生物甚至整纲的生物在极短的时间内完全消失不见，仅仅有极少数能够侥幸留存下来。而恐龙就是在白垩纪时代末期的一次生物大灭绝中彻底消失不见的。

◆ 板龙

为什么恐龙能够成为霸主？

 恐龙生活的时期距今约有 2.25 亿至 0.65 亿年前，这正是地质学上的中生代时期，中生代可以分为三叠纪、侏罗纪、白垩纪三个纪。在这个时期，爬行类动物成为地球上名副其实的统治者，因此，这个时代也被称为爬行类时代。在这个时期，无论是陆地、海洋还是天空，到处都被爬行动物占领。在这些爬行动物中，恐龙无疑是其中的王者，它们是当之无愧的霸主。

恐龙之所以能够繁盛于中生代时期，主要有以下原因：

第一，适宜的环境。在中生代，地球气候温暖，四季变化不明显，赤道不像今天那样热，极地也不像今天那样冷。地壳运动处于低潮，

◆ 三叠纪中期的尼亚萨龙

地势平坦、河流密布、植物茂盛。这样的环境为恐龙的生存提供了条件。

第二、恐龙强大的竞争力。恐龙的四肢结构完全直立，尤其是那些早期的肉食恐龙，它们用强壮有力的后足行走、奔跑，前肢辅助捕获猎物，这种独特的优势使它们成为当时地球上的掠食者。

第三，恐龙无与伦比的进化能力。在中生代早期，恐龙作为新物种，它们充满活力，具有强大的适应性和进化能力。它们飞速发展、迅速繁衍，成了中生代的霸主。

侏罗纪时期

在侏罗纪时代，也许是由于海底加速扩张，海平面开始上升，此外，盘古大陆逐渐分裂，气温开始上升，并逐渐稳定下来。各个大陆邻接海洋，沙漠很少，空气湿度逐渐增加。

为什么暴龙比鸭嘴龙聪明？

科学研究发现，脑容量越大的动物越聪明，也更能适应周边的自然环境。大自然的竞争是非常残酷、非常激烈的，只有高智商的动物才能在激烈的竞争中生存下来，不被大自然所淘汰。为了适应不断变化的大自然，动物也在不断地进化，经过近千万年的演变，体型较大的动物比体型较小的动物越来越聪明，因为它们的脑容量更大。恐龙中的暴

◆ 鸭嘴龙

龙要比鸭嘴龙聪明，就是因为暴龙的脑部比例较大，脑容量也大。

小知识拓展

鸭嘴龙

　　鸭嘴龙生活在白垩纪的晚期，属于鸟臀类中的一种，体形硕大，是一种草食性动物。至今发现的最大的鸭嘴龙有 21 米长。因为它们的嘴型宽阔，向外延伸，和鸭子的嘴型极为相似，故得名鸭嘴龙。

为什么说恐龙的寿命长短不一？？？

　　答 恐龙的寿命怎么推算呢？这就要看恐龙的自然死亡年龄了。恐龙化石的年龄肯定不能作为恐龙的寿命了，因为恐龙都是在偶然的情况下变成化石的，并不是自然死亡。因此恐龙的寿命比恐龙化石的寿命要长。古生物学家们对恐龙寿命的推测方法主要是看恐龙骨骼化石上的年轮。从骨骼上的年轮，我们能够首先推测出恐龙所处的年龄段，然后再根据恐龙的生长速度来推算它成年所需的时间。这样，我们就能大概知道恐龙的寿命了。例如，一些体型较小的素食角类恐龙成年所需的时间为 30 年，所以它的寿命大概是 60 岁。中等体型的蜥脚类恐龙成年所需的时间为 100 年，那么它们的寿命大概是 160 岁。而体型较大的蜥脚类恐龙成年所需的时间为 150 年，这样它们的寿命就可以达到 200 多岁了。这样看来，不同体型、不同种类的恐龙的寿命是长短不一的。

小知识拓展

蜥脚类恐龙

蜥脚类恐龙生活在 1.5 亿年以前，它们的身体硕大无比，最大的可达 30 多米。蜥脚类恐龙有着非常长的脖子和尾巴，四肢像柱子一样粗壮，身躯像大酒缸一样庞大，是当时地球上最庞大的陆生动物。

为什么 侏罗纪时的恐龙体型不一？

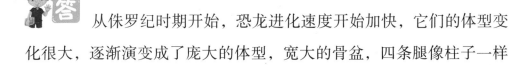

答 从侏罗纪时期开始，恐龙进化速度开始加快，它们的体型变化很大，逐渐演变成了庞大的体型，宽大的骨盆，四条腿像柱子一样

粗壮的巨型恐龙。这些恐龙都是素食性动物，它们的脖子非常长，可以够到大树上的叶子。面对这些巨型恐龙，当时的食肉性恐龙也开始逐渐改变自己，它们通过长期的进化，也变得硕大无比，强劲有力，最主要的是它们的牙齿和利爪，变得越来越锋利、越来越敏锐。另外，鸟臀类恐龙也逐渐地发展起来，它们的体型也出现了特殊的变化，逐渐拥有了护甲和骨板。

小知识拓展

进化

又叫演化，生物繁衍后代时，基因会传给后代，而有些基因会发生突变，这就造成了个体之间遗传的不同。当这些遗传的变化受到外界条件的影响，在种群里变得普遍了的时候，就说明进化完成了。简单地说，进化根本就是：种群遗传基因频率的变化。

◆ 三角龙

为什么恐龙只在夜间出没呢？

据科学推测，在遥远的中生代，哺乳动物在爬行动物的统治下，艰难地留存了下来。它们是如何在这些巨大的野兽中求得生存的呢？为了保住自己的性命，这些哺乳动物只能在恐龙熟睡的时候，才活跃起来。可是，恐龙究竟是白天出没还是晚上出没呢？对于这个问题，科学家们进行了深入细致地研究，一项最新的研究显示，根据恐龙眼睛的内部结构，我们可以大概推测出，一些体型偏小的恐龙是白天睡觉，夜晚出没的。

小知识拓展

超龙

超龙的化石是在 1972 年的时候被发现的，发现地点是在美国的科罗拉多，由于超龙体型巨大，身体长达 34 米，体重可达 80 吨，因此被成为超龙。超龙可能和迷惑龙是近亲关系。

为什么说恐龙不是真正的爬行动物呢？

生活在陆地的恐龙属于主龙类爬行动物，它们的四肢直立在躯干的下方，而不是朝两边展开的。所以，从这个角度来讲，鱼龙、

翼手龙、沧龙、蛇颈龙和盘龙等很多史前爬行动物都不应该划分到恐龙的类别中来。

也就是说，即使恐龙是从爬行类的初龙逐步进化而来的，且从属于爬行类动物，可是它们和普通的爬行类动物并不完全相同。

恐龙和爬行动物都是有四条腿的脊椎动物，且由其脊椎连接着头、躯干和尾巴这三个身体部位，所以，它们的身体构造大体相同。

要是我们仔细观察就会发现，爬行动物只能一步一步地缓慢爬行，这是因为它们的四肢是朝身体外侧平直延伸到肘部时，才变成直角立于地面的。这样的肢体构造在很大程度上限制了爬行动物的行动幅度与速度，使它们无法快速地奔跑。

◆ 似鸟龙

恐龙则不然，它们不仅能够大跨步，而且能够迅速地向前奔跑。这是因为恐龙的四肢是竖直向下生长的，因此更加灵活。具体来说，恐龙的前掌的指骨通常为 3 节或 3 节以下，骶椎为 3 节或 3 节以上，肱骨的延长部分是冠状的锁骨，股骨的末尾为球状，还拥有完全开放的髋臼等。此外，有的恐龙臀部总骨骼和普通爬行动物相似，而有的恐龙臀部骨骼则同现代鸟类十分相似。

由此可见，恐龙虽然和爬行动物有许多相似点，但是并不是真正的爬行动物。

爬行动物

爬行动物的生理结构对陆地环境有更为强大的适应能力。它们的身体已经分为头、颈、躯干、四肢和尾巴。它们骨骼发达，颈部转动灵活，脑部发育更加完善，捕食能力明显提高。爬行动物的代表有蛇、鳄鱼、蜥蜴等。

为什么恐龙的体型差异较大呢？

答 从侏罗纪早期到白垩纪晚期，地球生态发生了巨大的变化。为了适应不断变化的生态环境，恐龙家族的成员也迅速进化着，它们演化出了许多种类，且种群之间的体型差异非常大。

我们所熟知的霸王龙，其体型十分庞大，体长约为 15 米，高约 6 米，堪比一栋两层的楼房。

然而，霸王龙还不算真正的"大个子"，蜥脚类恐龙才是恐龙家族中的庞然大物！而蜥脚类恐龙中的震龙和蜿龙更是赫赫有名的"重量级"明星。

其中，震龙以体长著名。据考证，震龙的身体能够达到 36 米的长度，体重约为 80 吨；腕龙则以身高取胜，这类恐龙能够长到 18 米高，这相当于 6 层楼的高度，其体重则相当于 50 头大象的体重总和。

最有意思的是，恐龙的家族成员并不都是大个子，它们中还有一些袖珍成员。其中，秀颌龙属于恐龙家族中体型最小的成员。它们看起来和一只普通的母鸡差不多大，身体只有 70 多厘米，真是小巧玲珑。

✦ 霸王龙

小知识拓展

恐龙的体型差异的原因

虽然人们还不能完全解开这一谜题，但是有一点可以肯定，这与恐龙的遗传因素和生存环境有必然的关联。这也是恐龙中的大个子成员比小个子成员多的原因所在，即中生代时期气候温暖、湿润，食物也非常丰富，所以有利于恐龙的成长，使之体型变得日益庞大。

为什么恐龙的身躯这么庞大？

恐龙身躯庞大可能是因为那个时候的大气含氧量。恐龙生活的那个年代，空气中的含氧量非常高，远超今天的空气含氧量。而高氧气含量的环境对生物的繁荣生长有非常大的促进作用。生物吸入的氧气越多，身体就会获得更多的养料，体积也就越长越大。

通常情况下，身体变得越来越庞大是很多生物进化的必然结果。因为在弱肉强势的环境里，只有变得越来越强壮，才能生存下去。一只狮子不会只身犯险，去攻击比它强壮得多的犀牛或大象。同样的道理，一只异特龙也不会笨到去挑衅攻击力极强的梁龙。

古生物学家试图通过研究脑垂体来找到恐龙身躯巨大的答案。结果研究发现，恐龙的脑垂体确实很大，这样就能分泌出更多的生长激素，这也许就是恐龙身躯壮大的答案了。另外，人类从成年开始，身体就不再生长了。而这些爬行动物和我们人类不一样，它们的身体一直都在不

断地生长着，恐龙当然也不例外。加上恐龙生活在一个气候适宜，食物充盈的环境里，它们每天的事情就是吃、喝、睡，自然也就越长越大了。

还有人提出恐龙身躯庞大的原因和太阳辐射有关。他们认为远古时代地球上太阳的辐射比较强烈，故而加剧了恐龙的急速生长。

小知识拓展

梁龙

生活在1亿年以前，主要分布在北美洲的西部地区，身高最高的梁龙可达30多米，体重可达10吨。梁龙的主要特点是它们的鼻孔位于眼睛的上面，脖子根本抬不高。

◆ 梁龙

为什么说鸟类是恐龙的近亲？

1861 年，始祖鸟化石被人类发现，通过研究表明，始祖鸟化石和美颌龙化石有很多共同点，它们最大的差别在于始祖鸟化石有着非常明显的羽毛痕迹。这个研究结果证实，鸟类或者就是恐龙的近亲。自 20 世纪 70 年代以来，科学研究越来越多地证实了鸟类与恐龙之间的"亲属"关系。鳄鱼是恐龙的另一个近亲，但是，与鸟类和恐龙的关系相比，鳄鱼与恐龙的关系就要疏远很多了。恐龙、鸟类和鳄鱼都是爬行动物主龙类的演化支，这种演化早在二叠纪晚期就已经开始了。

神秘的始祖鸟

始祖鸟，在希腊语中的意思是"古代羽毛"。始祖鸟在刚刚被人类发现时，人们常常把它归结为鸟类的祖先。然而，越来越多的科学研究发现，始祖鸟是一种生活在侏罗纪晚期的恐龙，它代表了一种恐爪龙类的祖先。

为什么恐龙蛋并不大呢？

大家都知道，恐龙是一种非常巨大的动物，可是恐龙的蛋却并没有想象中的大。恐龙的蛋和很多动物的蛋一样，只是稍微大了一

点点。相对于巨大的恐龙来说，恐龙蛋确实显得太小了。这是因为恐龙蛋如果太大的话，会很难承受巨大的压力，这样蛋壳就容易被挤碎。蛋壳如果太厚的话，新生的恐龙又不容易顶破外壳，因此，只有这么小的恐龙蛋才更能适合恐龙的繁衍。

小知识拓展

恐龙蛋的形状

　　身材偏小的兽脚类恐龙，它们的蛋一般是长长的形状，例如驰龙、伤齿龙的蛋；四条腿的恐龙的蛋通常都是圆圆的形状，例如雷龙、马门溪龙的蛋；鸟脚类恐龙的蛋一般都是椭圆形的。

◆ 恐龙蛋化石

为什么说恐龙的颜色比较暗淡？

恐龙的皮肤到底是什么颜色的呢？古生物学家认为恐龙的肤色应该和大象的肤色差不多，都是比较暗淡的。为什么这么认为呢？他们觉得恐龙的体型和大象的体型一样，都比较硕大、笨重，为了免受敌人的侵害，它们的皮肤会呈现出不易被人发觉的暗淡颜色。大自然的很多其他动物也证明了这一点，当一种动物的体型非常臃肿，非常笨重，那么它们的肤色一般都是比较灰暗的。有的人觉得恐龙和大象没有可比性，因为大象是哺乳动物，而恐龙是卵生动物。那么我们来看看凶残的哺乳动物鳄鱼吧，鳄鱼的体型庞大，颜色也是十分灰暗单调的。

鱼龙

鱼龙是一种生活在海里的爬行动物，就像鱼和现在的海豚，它们的体型大小不一，有的很小，而有的非常巨大。鱼龙生活在大约 2.5 亿年之前，比恐龙生活的年代略早。它们于 9000 万前遭到灭绝，灭绝时间也略早于恐龙。

为什么恐龙的性别严重失衡？

国外有个生物学家通过研究发现，美洲鳄的性别和大自然的

温度有着直接的关系。当自然界的温度大于或等于 34 摄氏度时，鳄鱼父母孵化出来的是雄性的鳄鱼宝宝；而当自然界的温度小于或等于 30 摄氏度时，鳄鱼父母孵化出来的都是雌性的宝宝；当自然界的温度位于 30 摄氏度和 34 摄氏度之间的时候，鳄鱼父母孵化出来的宝宝是雌性和雄性兼而有之，但是雄性宝宝要少于雌性宝宝。对于动物们来说，当然是雌性越多，种族的繁衍能力越旺盛。因此，美洲鳄选择孵化宝宝的地理位置并不是毫无根据的。

随后，这些生物学家又对其他的爬行动物进行了这方面的研究，结果发现龟、蜥蜴、鳖繁衍后代的性别也和温度有着直接的关系。

因此，他们认为恐龙的性别可能也是由温度决定的，因为恐龙也属于爬行动物。因此当恐龙遇到温度变化较大的年代，要么雄性恐龙比重较大，要么雌性恐龙比重较大，这种性别上的严重失衡逐渐造成了整个恐龙种族的消亡。

◆ 鳄鱼

小知识拓展

蝙蝠龙

　　蝙蝠龙生活在侏罗纪中晚期，它的翼展有 1.6 米，头部异常大。蝙蝠龙打算飞翔的时候，会爬到较高的地方，然后顺着气流往下滑翔。蝙蝠龙的食物并不是昆虫，它有一双千里眼，专门找死掉的恐龙吃，就像现在的兀鹰。蝙蝠龙的嘴巴很特别，又深又大，它的嘴巴的作用除了吃饭，还可能是用来吸引异性的，也可能是用来炫耀自己的成功的。

为什么
说恐龙会受伤、也会得病？

　　古生物学家通过对恐龙化石的研究发现，恐龙的骨骼上经常会留下患病或者外伤的迹象。这个发现说明了恐龙也和我们人类一样，会生病、会受伤。让我们大胆地猜想一下，在恐龙时代，为了基本的生存问题，恐龙之间肯定会大打出手，肉食性恐龙在捕捉植食性恐龙的过程中、植食性恐龙之间争夺食物的过程中、肉食性恐龙争夺猎物的过程中，肯定都避免不了一些皮外伤。

　　专家曾在一具马门溪龙的骨骼化石上发现了很多结核和瘤状物，这表明了这只恐龙的骨头上有明显的骨质增生，可见这只恐龙活着的时候身体并不健康。

另外，一个美国的医生曾在恐龙的肱骨上发现了一块肉瘤，这也是一种骨质增生的疾病。在另外一架恐龙骨上，则能明显看出骨骼的主人曾经被骨髓炎所折磨。

古生物学家又对更多的恐龙化石进行了研究，结果他们发现大部分的恐龙都患有关节方面的疾病。其原因可能是因为恐龙的体型比较巨大，骨骼需要承受的压力比较大，加上外界的自然环境比较恶劣，它们还需要时常做出很多剧烈的运动，因此大部分恐龙的关节都不是很健康，都患有或轻或重的关节炎。

恐龙灭绝之气候变迁说

6000多万年以前，地球上气候发生了非常大的变化，气温骤然下降，大气中的含氧量极低，当时生活在地球上的恐龙由于无法适应这种极端的气候而突然消亡了。也有人提出，由于恐龙的身上没有御寒的毛发，也没有用来保暖的器官，因此无法在寒冷的地球上生存下去，全被冻死了。

为什么说人类还不清楚恐龙到底如何行走？

像恐龙这么庞大的生物，它们行走时的姿态到底是什么样的呢？关于这个问题，目前还没有准确的答案。不过，已经有很多古生物学家开始对恐龙的行走姿态产生了兴趣，并开始进行研究。第一，古生物学家主要是根据恐龙的脚印化石来推测恐龙是如何行走的，这也是最直接最简单的证据。通过对恐龙脚印的研究，我们可以知道恐龙的步子有多大，恐龙是四条腿走路呢还是两条腿走路呢？而从地上密密麻麻的脚印我们又可以想象出，一大群恐龙集体出行时那种声势浩大的场景。

一般来说，只是靠恐龙的脚印化石来看恐龙的行进速度可能会存在很大的误差，因此，古生物学家又对其他的动物进行了研究，来推测恐龙的行进速度。

他们对体型比较大的鳄鱼、老虎、大象等进行了认真细致地研究，结果他们得出了这些动物的体型、步长和它们的速度之间的一个固定关系，并最终得到一个关系式。有了这个关系式，我们只要知道一种动物的脚印的长度，就可以推算出这种动物的体型大小和速度是多少了。

经过长时间的观测和研究得到的数据之间的规律，古生物学家得出了一些基本的规律，如，体型小的恐龙行走速度相对比较快，每小时可以达到 50 千米，比我们人类的速度快多了。而体型比较大的恐龙走起路来比较慢，它们的速度一般都在 20

◆ 雷克斯霸王龙

千米每小时。

通过对我国云南的恐龙脚印的测算发现，这些恐龙是用两条腿走路，速度大概为 12 千米每小时，和我们人类的速度差不多。

虽然我们对恐龙的行走方面的研究取得了一些成绩，但是用来推测恐龙行走速度的计算方式并没有得到所有人的认同。因为这种计算方式本身就可能存在很大的误差，而且恐龙脚印的判定也不是件容易的事。另外，根据现在的动物的体型得出的公式也并不能说就是非常准确的，因为恐龙的体型和现在的这些动物毕竟是不一样的。因此，我们对于恐龙究竟是如何行走的这个问题并不是完全清楚，有待进一步研究。

恐龙灭绝之物种斗争说

小知识拓展

物种斗争说即指恐龙灭绝之前，地球上出现了一种体形较小的哺乳动物，这种动物专门吃恐龙的蛋。由于这种动物生命力极强，繁殖能力也非常强，加上当时也没有这种动物的天敌存在，因此这种动物越来越多，把恐龙蛋都吃光了，这样恐龙就无法再繁殖下去了，最终导致了灭绝。

第二章
走进恐龙的生活

那些体型庞大的恐龙，吃得肯定特别多！

是呀，得多少食物才能填满它们的肚子呢！

体型大不一定就说明它们的饭量大吧！

小光说的没错，其实恐龙的饭量并不算大。这是因为恐龙庞大的身体能够存储很多的能量，因此每次吃饭只要满足基本的需要就可以了。

为什么说恐龙是温血动物呢？

一直以来，人们都把恐龙归纳到冷血动物一类中，可是最近几年研究发现，恐龙有可能不是冷血动物，而是温血动物。怎么判断一种动物是温血还是冷血呢？这就要看它们的体温了。如果体温稳定，就是温血动物，又称恒温动物，哺乳动物就是温血动物的典型代表。虽然爬行动物一般都是冷血动物，但是恐龙作为爬行动物，却和温血动物在生理和行为上有很多的共同点。爬行动物一般都是爬行的，而恐龙却是直立行走的。恐龙拥有健壮的四肢，跑起路来灵敏迅速。它们在寻找吃食和逃避敌人攻击的过程中不断地奔跑、运动，这就必然需要消耗巨大的能量。因此恐龙需要吃大量的食物来补充身体所需的能量，这就导致了恐龙自身的新陈代谢比较旺盛，旺盛的新陈代谢使

◆ 鸭嘴龙

得恐龙的体温稳定性较强。科学家们通过对恐龙骨骼化石的研究，发现其切面上有许多神经和血管，这也是温血动物才有的特点。除此之外，恐龙的群居生活、繁衍生息、血压较高、血压循环速度快等等，都能证明恐龙是温血动物。

冷血动物的优势

冷血动物在外界环境变化较大或是食物非常紧缺的情况下也能存活，这是因为冷血动物用来维持生命所需的能量非常少。它们所食的食物大部分是用来长身体的，因此它们的食物利用率比较高。

为什么恐龙的体温
不会随外界气温而变化？

有的古生物学家经过研究发现，恐龙和鸟类一样，属于恒温动物。进化论证明，飞鸟是恐龙进化而来的，因为恐龙和鸟都是通过下蛋来繁衍后代的。通过观察恐龙的化石，我们可以发现，恐龙的化石里曾经出现过羽毛的踪迹，这也证明了鸟类和恐龙的密切关系。因此鸟类和恐龙都是恒温动物。所以说，恐龙的体温不像冷血动物的体温会随外界环境的变化而变化。

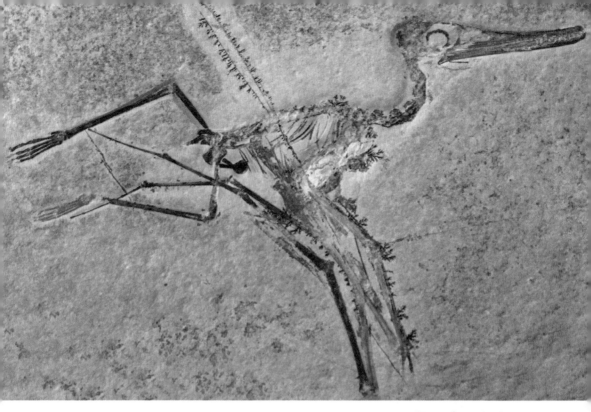

◆ 翼手龙属线虫化石

恒温动物

又称温血动物，它们的体温比较稳定，不会随外界其温度变化而变化，最具代表性的恒温动物有哺乳类动物和鸟类。

为什么说植食性恐龙的食物不尽相同？

因为不同的时期，大自然中的植物是不一样的。三叠纪时代，恐龙可以选择的植物只有银杏树、针叶树等植物，还有就是一些体积偏

小的蕨类植物。到了侏罗纪时代，恐龙的食物就只剩下针叶树的叶子了。白垩纪的中后期，地球上又新生了很多植物，像一些开花的植物和一些灌木类，这些植食性恐龙便就地取材，选择吃这些植物来果腹了。

植食性恐龙的特点

这类恐龙一般都是用四只脚行走，但也有极少数用两只脚行走的。它们的头很小，身子却很大。嘴巴较小，牙齿的样子很奇怪，有的像勺子，有的像棍棒，还有的像叶片。植食性恐龙有的具有防御性的特征，但是它们都缺乏攻击性的武器装备。

为什么说恐龙的饭量不算大呢？

草食性恐龙每天要吃掉大约相当于自己体重1%的食物，这个比重不算大。这是为什么呢？哺乳动物或者鸟类不停地进食，那是由于它们体形小，存储的能量少，如果不频繁进食，身体就会缺乏能量。而恐龙那硕大的身躯则能够存储很多能量，进食量只要能满足基本需要就行了。

对于那些凶猛的肉食性恐龙而言，和狮子、老虎多少有些类似，它们只要成功地捕获一次猎物，就算几天不再进食也能够保持充足体力。

在很多草食性恐龙的胃里面都发现了数量不同，大小各异的胃石。

这些胃石有的像鸡蛋的大小，有的则大如拳头一般。那么，这些胃石究竟有什么作用呢？那是因为恐龙不能分解食物中的纤维素，只有依靠消化道中的微生物来完成这一重大任务。因此，恐龙就需要把食物弄得尽可能碎。胃石的作用就是把那些不够碎的食物进行再次加工，经过胃石的处理，微生物的工作就变得轻松多了，也同样在这个过程中，食物被转化成了生物体所必需的能量。

小知识拓展

关于恐龙生理研究的进展

恐龙生理领域的研究是一个备受争议的领域。近年来，许多新的证据不断出现，使古生物学家能够系统地研究恐龙的生理结构。这个时候，恐龙被认为是一种比较活跃的动物，至少它们的体温是基本恒定的，恐龙是温血动物的证据得到了普遍证实。

◆ 食草类恐龙

为什么恐龙的视力有好有坏？

一般情况下，我们可以从两个方面来判断动物的视力好坏。一是动物的眼睛所处的位置，二是动物眼睛的大小。一般来说，大眼睛的动物要比小眼睛的动物的视力要好很多。

目前所知道的，草食性类的恐龙，它们的眼睛长在脑袋的两边，左右两只眼睛的距离很远，这样他们的视力范围就扩大了。不管是前面的敌人、侧面的敌人，甚至是后面的敌人，它们都能及时发现，并采取自救措施。肉食性恐龙的两只眼睛长得比较近，位于脑袋的上方，这样的眼睛有利于它们看到整个食物的形态，也更有利于它们瞄准目标，抓获猎物。因此大部分的肉食性恐龙的视力都非常敏锐。鸭嘴龙的眼睛位于脸颊的两侧，还能灵活地向上挪动，因此它们的视力出奇的好，凭借着自己的火眼金睛，鸭嘴龙可以逃过任何危险。

与鸭嘴龙相比，蜥脚类恐龙的视力真是太差劲了，而剑龙和甲龙就更差劲了，用我们现在的话来说，它们可是地地道道的"近视眼"。

近视眼

又称短视眼，只能看清近处的东西，而看不清远处的东西。其基本原理是，从远处投射过来的光线，通过眼睛里的屈光系统，然后在视网膜的前面集合，最后在视网膜上形成了模糊的影像。

为什么恐龙的爪子不尽相同？

　　因为不同恐龙的爪子的作用是不同的，所以它们的爪子也各有各的特点。一般情况下，肉食性恐龙的爪子长得比较长，而且非常锋利，这样他们的爪子就可以用来捕猎食物，或者从土里刨抓小型的昆虫等食物。而杂食性的恐龙和植食性的恐龙，它们的爪子长得又平又短，显得非常粗糙，可是却强劲有力，这是因为它们的爪子不用捕猎食物，而主要是用来攀爬树木，采集枝叶，还有挖掘东西。通过对恐龙化石的研究，我们发现暴龙类的前肢异常短小，这样的身体构造是为了减轻头部对整个身体的压迫，保持身体的平衡，这样身体才能活动自如。

◆ 暴龙

 小知识拓展

暴龙类

　　暴龙类生活在白垩世后期，主要分布在亚洲和北美洲的东部。暴龙类被称为末代皇帝，因为它们是从几近灭绝的肉食性恐龙演化而来的，随着它们势力的逐渐强大，最终成为新一代的统治者。

为什么肉食性恐龙和草食类恐龙的牙齿不一样？

 答　　肉食性恐龙的牙齿锋利无比，就像一把带着锯齿的匕首一样。它们每颗牙齿在大小形状上都差不多，而且一颗挨一颗排列得非常整

◆ 肉食性恐龙中的霸王异特龙

齐、紧密。这些巨大的锋利无比的牙齿正好可以帮助它们轻而易举地切割和撕开猎物。

相比较肉食性恐龙的牙齿，草食性恐龙的牙齿就逊色了很多。它们牙齿的形状千奇百怪，有像钉子的、有像树叶的，还有像勺子的。这些形状各异的牙齿排列的也很密实，但是并不均匀。它们的牙齿有的长在口腔的前面，有的长在口腔的两侧。因为这些恐龙主要的食物是植物，所以它们并不需要多么吓人多么锋利的牙齿。

小知识拓展

牙齿最长的恐龙

牙齿最长的恐龙是霸王龙，生活在白垩纪时期，属于暴龙科，身材非常庞大，是暴龙科里最巨大的恐龙。它们的牙齿超过 30 厘米，身体长达 11-14 米，身高达 6 米，体重达 9 吨。

为什么说恐龙身上长着鳞片和羽毛呢？

一般情况下，爬行动物的身上都长有鳞片，或者是骨片和骨板，像鳄鱼、蜥蜴等，它们身上的鳞片形态各异，但排布有规律。据此人们推测恐龙的身体上肯定也长满了鳞片。截至目前，人们根据挖掘出的恐龙化石发现，恐龙的身上确实布满了鳞片，这些鳞片是六边

形的，像蜜蜂的房子一样，深深地嵌入了皮肤中。这些密实的鳞片可以避免吸血虫子的伤害，起到了保护皮肤的作用。

有的古生物学家则认为，恐龙的身上长着羽毛。这也是有根据的，众所周知，鸟类是由恐龙进化而来的，而许多的恐龙化石里也都发现过羽毛的踪迹。在德国和中国发掘出的恐龙化石就有力地证明了恐龙身上确实长有美丽的羽毛。

至于恐龙身上到底是长着羽毛还是鳞片，还有待进一步确定。

小知识拓展

鳄鱼

鳄鱼并不属于鱼类，而是一种爬行动物，因为它喜欢在水中嬉戏，因此被称为"鳄鱼"。鳄鱼和恐龙一样是食肉性动物，长着长长的脸和嘴，性情非常凶猛，是迄今为止发现的最早的动物之一。

◆ 嗜鸟龙

为什么说恐龙的尾巴有着不同的作用？

　　蜥脚类恐龙的尾巴很长，常常被用来鞭打敌人，起到保护自己的作用；肉食性恐龙由于是后腿站立，因此它的尾巴可以用来平衡身体；嗜鸟龙用尾巴来指引方向，在改变方向的时候，它的尾巴就变成了一个方向舵；甲龙的尾巴很有特点，尾巴尖上长了一个尾锤，可以用来敲打敌人；鸭嘴龙的尾巴就像鱼的鳍一样，可以帮助它的主人游泳。

鱼鳍

　　鱼鳍是帮助鱼游泳的器官，有的长在背上，有的长在胸前，有的长在腹部……鱼鳍是鱼身上非常重要的一部分，它的主要作用是帮助鱼在水中四处游动，而且还可以起到一个缓冲的作用。

为什么我们对恐龙的皮肤知之甚少呢？

　　作为远古时期的生命，我们对恐龙的探索也只能通过它们留下来的化石。因为年代实在太久远了，所以恐龙化石能够留存下来

是非常不容易的，尤其是皮肤化石，经过那么长的时间还没有完全消失简直堪称奇迹。科学家们曾经在恐龙的化石上发现一些小而圆的东西，后来经过鉴定得出结论，这些小而圆的东西就是恐龙的皮肤。于是科学家推测出恐龙的皮肤上覆盖着许多又小又圆的鳞片。后来，科学家们又在四川地区发现一些剑龙的皮肤化石，这些皮肤表面覆盖的鳞片是六角形的，由此可知恐龙皮肤表面的鳞片是不一样的。发现于北美洲的鸭嘴龙"木乃伊"，它的皮肤保存得非常好，可以清楚地看到起身体表面覆盖着一层厚厚的皮肤，这些厚实的皮肤可以抵挡敌人的袭击。

说到恐龙的皮肤颜色，推测很多，但是缺乏有力的证据。爬行动物的皮肤颜色一般都是深绿色、棕黑色的，由此推测恐龙的皮肤颜色差不多也是这种颜色。不过其他的科学家则推测恐龙的皮肤颜色比较

◆ 剑龙

亮丽，就像毒蛇和蜥蜴的皮肤颜色。考虑到恐龙的种类繁多，恐龙的皮肤或许也是五颜六色的吧。

木乃伊

木乃伊就是人死后形成的干尸。世界上很多国家和地区都用防腐剂处理人的尸体，时间久了就干瘪了，这样就形成了木乃伊。以木乃伊而闻名的国家是古埃及，那里的人相信人死后，灵魂不会死，所以他们的法老死后都被制成了木乃伊，也表示对死去的人的敬重。

为什么不确定恐龙会不会游泳？

有的古生物学家认为恐龙是会游泳的，因为他们在湖底发现了恐龙的足迹。他们推测，恐龙游泳是为了寻求食物，或者是逃避敌人、又或者是为了凉快，总之原因有很多种。

而有的古生物学家并不赞同这种说法，他们认为湖底有脚印并不能说明恐龙就会游泳。他们认为恐龙是不会游泳的。一是远古时代自然资源充沛，食物富余，恐龙根本不需要跑到对岸去找食物。二是恐龙不会为了凉快去下水游泳的。三是恐龙下水躲避敌人的追捕明显不合理，因为根本没有证据证明它们遭到了敌人的攻击。

而湖底留下的脚印，并不能说明是恐龙洗澡的时候留下的，很有

可能是恐龙踩过小溪或者是小水洼时留下的，因为恐龙的个子那么巨大，即使一条河或者是一片湖，对它们来说都可以轻而易举地涉水而过，而这根本就不是在游泳。

关于恐龙到底会不会游泳，仍然没有统一的答案。

肉食恐龙会游泳

来自美国的古生物学家在 2007 年的时候才找到了确切的证据，证明肉食性恐龙的确是会游泳的，但是这样的标本非常稀有。我国是在 2013 年最早确认的恐龙会游泳，科学家在四川某地区发现了恐龙会游泳的一些痕迹。

为什么说恐龙的睡姿不一样？

答　通过对恐龙化石的研究，古生物学家们发现了恐龙休息方式的一些的蛛丝马迹，进而推测出了恐龙的睡眠状态。体型偏小的恐龙的睡姿可能和一般的爬行动物没什么两样，都是把四肢蜷缩起来，头依偎在地上或者是前肢上睡觉。体型庞大的恐龙，它们有可能是趴在地上睡，也有可能像犀牛和大象一样，侧躺着睡。有的肉食性恐龙睡觉的时候可能是站着的，因为它们的前脚太短了，趴在地上或躺在地上对它们来说真是太难了。身上长羽毛的恐龙，它们应该像鸟类一样睡觉。我国的科学家曾经在辽宁发掘了一块长着羽毛的寐龙的化石，它睡觉的时候，脖子埋在羽毛里，尾巴环绕着身体，身体的重心集中在后肢上，整个身子都缩了起来。

综上所述，恐龙的睡觉姿势真的是各有各的不同啊！

寐龙名字的由来

寐龙属于兽脚类，体型和鸭子差不多。因为寐龙的身体骨架给人一种寐睡的感觉，因此被称为寐龙。寐龙经常把头藏在它的翅膀下，就像一只睡在巢穴里的鸟儿。这说明了寐龙和鸟类有着非常密切的关系。

◆ 寐龙的化石

为什么说恐龙的奔跑速度有快有慢？

根据科学研究发现，似鸡龙与伤齿龙是奔跑速度最快的恐龙。这两种恐龙奔跑的最快速度达到了每小时 80 千米。它们行动迅速，身手敏捷，奔跑起来的速度和如今的赛马的速度相当。这种快速奔跑的特长，令它们收益很多：首先，可以更多地捕获猎物；其次，能够更快地逃避敌人侵袭。于是，草食性恐龙与肉食性恐龙为了争取生存，展开了一场激烈的速度竞赛。肉食性恐龙为了获取更多的猎物，奔跑的速度越来越快；草食性恐龙为了躲避肉食性恐龙的袭击，奔跑的速度也不断提升。

奔跑速度最慢的就属阿普吐龙了，它躲避敌手的方式就是慢腾腾地钻进湖水深处，这样追赶它的霸王龙就只能"望湖兴叹"了。剑龙的奔跑速度也不快，但是，它却进化出了令敌手胆寒的防御武器，追赶它的霸王龙无意袭击它，否则，一场恶战也就难以避免了，因为霸王龙奔跑速度惊人，它可以毫不费力地抓住任何一只素食性恐龙。

小知识拓展

动物的奔跑速度

在动物世界里，很多动物以傲人的体力与强大的适应能力著称于世。然而，速度始终是动物们最强大的技能之一，无论它们在与同伴嬉戏打闹，还是捕获猎物，都需要足够快的速度。目前，猎豹是世界上奔跑速度最快的陆地动物，它以速度之快而闻名。

为什么说恐龙会像候鸟那样"搬家"?

科学家们经过长期的研究和探索，发现恐龙也会随着气候和季节的变化而迁徙。恐龙一般都生活在地势较低的山谷里。这些山谷里由于常年有水流冲击，土地肥美，气温适中，还有各种各样的恐龙喜爱的食物。这种既舒适又吃喝不愁的地方当然吸引了很多的恐龙。但是，山谷里的气候并不是一成不变的，随着季节的变迁，这里的气候也会变得炎热或者是寒冷，食物也会随之变少，以至于不能满足恐龙的基本需要。于是，恐龙们就会"拖家带口"离开原有地，去寻找另一个舒适又吃喝不愁的地方。恐龙一般会把家搬到地势稍微高点儿的地方去，因为那里雨水充足，又很凉快。有的恐龙会选择东部较湿润的地方，那里的植物比较丰盛。一般情况下，肉食性恐龙会紧跟着

♦ 恐龙迁徙

草食性恐龙的迁徙脚步，因为它们以草食性恐龙为食。

有的科学家则认为，恐龙搬家的主要原因是它们把当地的食物都吃光了，因为它们的饭量实在太大了，于是它们总是不停地寻找长有更多植物的地方，如果它们总是在一个地方不动的话，是会被饿死的。

由此可见，恐龙是会像候鸟那样"搬家"的。

候鸟

候鸟是指那些随着季节的改变而变更栖息地的鸟类。每年的春天和秋天，它们都会按照以往的路线，奔波在迁徙的路上。根据候鸟迁徙的时间，可以把候鸟分为两大类：夏候鸟和冬候鸟。常见的候鸟有杜鹃、天鹅、鸿雁等。

为什么说恐龙是群居动物？

答 20世纪50年代中期，古生物学家在辽宁省朝阳县出土了大量恐龙脚印的化石。这些足迹集中在三千米的范围之内，在有的地方则相当密集。科学家的研究证实，这是一群用两足走路的鸟脚类恐龙留下来的。这些脚印都朝着东边的方向，脚印大小不一样，但是这些脚印都明显地属于同一类恐龙。这些脚印告诉我们，在远古的中生代，一大群恐龙浩浩荡荡地从这里经过，这证明了恐龙可能是群居的。在十九世纪七十年代，考古学家在比利时的一个煤矿里出土了大量埋在一起的禽龙化石，这也证明了恐龙是群居的。

古生物学家通过对化石遗迹的研究得出了这样的结论，那就是有一部分植食性恐龙比如鸭嘴龙等，它们过着群居的生活，而且这种群居是有组织的，而并非杂乱无章的。它们内部可能会有头领，会有专门的恐龙来照料那些幼年的恐龙。而那些大型的肉食龙，比如霸王龙，他们可能是以家庭为单位生活的。

在我国四川省的侏罗纪岩层中，出土了很多孤单埋在地下的恐龙化石，它们或许更加喜欢这种独居的生活。它们也许就像现在兽类中的雄性动物一样，热衷于特立独行，只有在交配的季节才喜欢去寻找自己的同类。因此，大多数恐龙是喜欢群居的，但是，也有少数恐龙过着独居的生活。

◆ 禽龙

小知识拓展

中生代

中生代又可以分为三叠纪、侏罗纪、白垩纪三个纪，其距今约为 2.25 亿年至 6500 万年。中生代处在古生代和新生代的中间，这段时期是爬行动物得到极大发展的时期，尤其是恐龙曾经在这个时期盛极一时，因此，这个时代也被称为爬行动物时代。

为什么说恐龙之间很难和睦相处？

答 恐龙之间的竞争无时无刻不在进行着，因为它们之间的关系永远是不是你死就是我活。作为恐龙中的最强者——肉食性恐龙，只

◆ 霸王龙的攻击三角龙

要它一出现，就避免不了一场血腥的生死决斗。植食性恐龙就算再强大，也改变不了沦为肉食性恐龙的盘中餐的命运。当然，植食性恐龙总是集体防御外来的敌人，但是往往以失败告终。另外，杂食性恐龙也是肉食性恐龙攻击的对象之一，虽然它们比较机警，但也避免不了成为肉食性恐龙的阶下囚。

小知识拓展

肉食性恐龙的特点

　　肉食性恐龙总是一副张牙舞爪的样子，它们身体健壮，依靠后肢行走，非常擅长奔跑；它们的前肢上长着非常锋利的爪子，可以协助它们捕猎食物；肉食性恐龙的头比较大，长着一张血盆大口；牙齿又长又尖，像一把把匕首，牙齿上还有锯齿，用来撕咬和捕猎猎物。

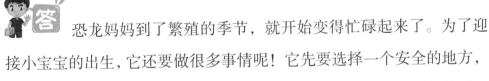

为什么说恐龙非常疼爱自己的孩子呢？

答　　恐龙妈妈到了繁殖的季节，就开始变得忙碌起来了。为了迎接小宝宝的出生，它还要做很多事情呢！它先要选择一个安全的地方，为产卵做好准备。雌恐龙经过细心挑选，最终会选择那些光照条件好、地势高、土壤干燥、安全可靠的地方作为自己的产卵地。

　　雌恐龙在地上挖出一个坑，或者先在地面上堆起一个包，然后在这

个土包上挖出一个圆坑，这样是为了更好地放置卵。接下来，恐龙就开始下蛋了。她将屁股对着提前挖好的坑，一圈一圈地下蛋，下完一圈，用土盖好，再接着下另一圈，最多可以下四圈，可以下几十个蛋呢！这些蛋排列在坑中，彼此都不会重叠，这样是为了更好地利用太阳光。

　　恐龙不用自己孵蛋，它们依靠阳光来孵蛋。尽管恐龙不用孵蛋，但是，它还有一个重要任务，那就是守护这些蛋的安全。在那个时候，很多动物以偷食其他动物的蛋为生。因此，对于这些恐龙蛋，严加看守是极为必要的。

　　当小宝宝快要出生的时候，恐龙妈妈就变得更加忙碌了，它要帮助自己的孩子弄碎蛋壳，更加顺利地出生。

　　当这些宝宝们出生以后，就会叫个不停，在窝里淘气地来回爬。由于恐龙不是哺乳动物，因此，恐龙妈妈们必须为宝宝们准备好新鲜

◆ 恐龙蛋化石

的嫩叶作为食物，对于那些肉食性恐龙，则要拿猎物来喂养小宝宝了。在妈妈的关照下，宝宝们很快成长起来，它们爬出窝穴，在周围不停地打闹、嬉戏。

然而，有些恐龙就显得很不负责任了，它们把蛋生下了以后就不管了，任其自生自灭。但是，这类恐龙的孩子往往都非常厉害，它们刚刚破壳而出就能够自强自立，能够自己寻找食物，无须父母照顾。到目前为止，关于恐龙孕育后代的信息并不充实，只有窃蛋龙与慈母龙的情况比较清楚，其他种类的恐龙就只能靠推测了。

小知识拓展

恐龙蛋在窝里是如何排列的？

恐龙蛋在窝里一般是呈放射性排列或者不规则排列，长形蛋的排列方式一般是放射性的，而圆形蛋的排列方式往往是不规则的。

为什么说恐龙也有自己独特的语言？

答 通过对恐龙化石的深入研究，古生物学家们发现，恐龙可能是通过自己的叫声来和其他的成员沟通交流。就像狼一样，通过叫声来辨别彼此所处的位置。想要研究恐龙的叫声并不是什么易事，因为像声带、肺部、喉咙等发声器官非常容易腐烂消失，根本就不可能保存下来。古

生物学家是从恐龙的耳骨上发现了一些信息。恐龙的耳骨构造精细，这说明恐龙的听力非常好。这就从侧面反映了恐龙通过声音来彼此交流。除此之外，恐龙还用叫声来恐吓敌人。据古生物学家们推测，恐龙可以发出咆哮、哀鸣、怒吼、呼噜等声音。当然了，种类不同的恐龙会发出不一样的声音，同类恐龙在不同的情况下也会发出不同的声音。

✦ 怒吼的恐龙

除了声音，恐龙还可以借助视觉来彼此沟通。艳丽的色彩可以帮助它们吸引异性的关注，也可以用来警示敌人。恐龙的肢体也可以用来发布丰富的信息。恋爱季节，有的恐龙会用鼻子去"纠缠"自己的心上人，以示心意。

恐龙如何求爱

到了恋爱的季节，恐龙会通过展示自己的身体特征来引起异性的注意。如盘龙类的恐龙和飞龙类的恐龙用它们背上鳍来吸引异性，三角龙则用自己的角来争夺自己喜爱的异性。有的学者认为，恐龙的长脖子也是用来吸引异性的重要的工具。

为什么有的恐龙的骨头是中空的呢？

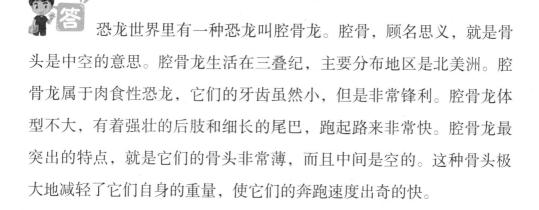

答 恐龙世界里有一种恐龙叫腔骨龙。腔骨，顾名思义，就是骨头是中空的意思。腔骨龙生活在三叠纪，主要分布地区是北美洲。腔骨龙属于肉食性恐龙，它们的牙齿虽然小，但是非常锋利。腔骨龙体型不大，有着强壮的后肢和细长的尾巴，跑起路来非常快。腔骨龙最突出的特点，就是它们的骨头非常薄，而且中间是空的。这种骨头极大地减轻了它们自身的重量，使它们的奔跑速度出奇的快。

小知识拓展

恐龙的网络含义

恐龙作为近几年在网络上新兴起来的词语，一般是用来对相貌丑陋的女人的称呼，是一个贬义词，后来演化出的"恐龙妹"也是这个意思。

 为什么恐龙的头千奇百怪？

答 恐龙头部的形状有很多种。例如，角龙类的恐龙，它们的头上长着数量不等的尖角。这些尖角随着年龄的增长而逐渐变长，逐渐

◆ 肿头龙

变粗，数量也在不断地增加，能长到好几个。

有一种恐龙叫肿头龙，从它们的名字中可以看出，它们的头一定是肿起来了。事实上就是这样的，肿头龙的头部又肿又大，就像一个巨大的蘑菇。

另外一种恐龙，它们的头上天然地生长着各种各样的看起来像是装饰品的骨头，这些头饰的形态各式各样，有的像圆圆的球、有的像一顶华丽的帽子、有的像美丽的发钗，真是漂亮极了。

肿头龙的生活习性

小知识拓展

肿头龙喜爱群居。成年后的雄性肿头龙往往通过撞头的方式来决定谁是群体的首脑。到了繁殖的时节，雄性们也采取这种方式来争取与雌性的交配权。对于肿头龙来说，它们厚厚的头部对抵御敌人的袭击并不能起到什么作用。但是它们的嗅觉和视觉非常敏锐，能在发现敌人的时候，快速逃离。

为什么说不同的恐龙分配食物的方法不同呢？

答　首先，肉食性恐龙就有很多种分配食物的方法，例如，暴龙，被称为独行侠，因为它们从来都是自己的食物自己吃，从来不跟别的恐龙分享。而一些群居的肉食性恐龙大致有两种分配食物的方法，一

是根据恐龙种族的高低等级来分配，就像狼群的规矩一样，等级高的恐龙先吃，等级低的恐龙后吃。二是依靠能力来分食。恐龙之间相互斗争，胜者先吃，而且可以吃到最优质的食物。

对于植食性恐龙来说，分配食物的方法相对来说就公平很多了。它们是按各自的身高来分配食物的。身高较高的蜥脚类恐龙吃的是最高处的植物；中等身高的鸭嘴龙吃的是中间高度的植物；身高较低的腕龙和角龙吃的是较低处的植物……素食性恐龙性情比较温和，进食的时候比较斯文，但是它们时刻保持着非常高的警惕性，以防自己在吃食的时候被肉食性恐龙吃掉。

小知识拓展

沉龙

沉龙名字的意思是重要的恐龙，属于鸟脚下母，生活在白垩纪。沉龙的化石发现地是尼日，和一般的禽龙类一样，它们的趾头上有很多细针似的爪子。

◆ 腕龙

为什么说恐龙
睡觉时会做梦呢？

　　根据最近的研究发现，恐龙睡觉的时候会像我们人类一样做一些梦。古生物学家曾经对蜥蜴睡觉时的大脑进行了研究，他们发现蜥蜴睡觉的时候，它们的大脑活动是非常有规律的，这意味着蜥蜴睡觉的时候是会做梦的。根据蜥蜴睡觉做梦可以推测出，羊膜动物都是睡眠做梦的物种。而羊膜动物最初出现在 3.2 亿年以前，之后通过进化演变成了早期的鸟类、爬行动物和哺乳类动物。而鸟类、爬行动物和哺乳动物和我们研究的恐龙拥有共同的祖先，因此如果这些鸟类、爬行动物和哺乳动物睡觉的时候可能做梦，那么恐龙当然也就不例外了。

热河龙

　　热河龙是鸟臀类中的一种，形体娇小，身长还不到 1 米。它们的形体特点和鸟脚类恐龙非常相似，同时在很多方面又和角龙类有相似之处。热河龙的化石是在辽西发现的，它的发现对鸟臀类恐龙的研究具有非常重要的现实意义。

为什么说
恐龙能养育自己的后代？

答　20世纪70年代，一位美国的恐龙学博士发现了一个庞大的恐龙巢穴，在这个巢穴里，有很多恐龙蛋，有的恐龙蛋大概孵化了一半，还有刚出壳的小恐龙。这些刚出壳的恐龙宝宝的牙齿上已经有了咀嚼食物的痕迹，这说明它们已经开始自己吃食了。但是它们的腿还没有完全发育好，还不能独立自由活动。因此，这位恐龙学博士推测出，这些在巢穴中的恐龙宝宝是由它们的父亲或者母亲，抑或是其他的成年恐龙来照顾的，为它们提供食物，提供水，就像鸟儿喂养它们

◆ 慈母龙

的鸟宝宝一样。人们把这种照顾养育自己后代的恐龙称作"慈母龙"，把这种哺育自己后代的学说称作"恐龙育子学说"。

到目前为止，古生物学家对世界上的很多处恐龙的足迹进行了研究，他们发现这种养育后代的恐龙在出行的时候都是集体外出的。这些恐龙外出时的足迹化石表明，在外出的时候，大恐龙一般都走在队伍的外面，而小恐龙则走在队伍的里面，就像现在的大象一样，时刻保护着自己的孩子。

江山龙

江山龙的化石是在浙江省的江山市发现的，是在我国发现的第一例巨龙科化石，该化石的保存完整度高达90%。江山龙的体长大概有20米，生活在7000万年前的白垩纪，是一种新的蜥脚类恐龙。

为什么莱索托龙能在恶劣的环境中很好的生存呢？

莱索托龙生活在侏罗纪的早期，它们生存的地方是潮湿而湿热的半沙漠地带。莱索托龙的头部较小，脖子又细又长，身体也特别长，却挺着一个大肚子，有一条颀长的尾巴。如果从正面看莱索托龙，简直就像一只超大个儿的蜥蜴。莱索托龙有很强的食物处理能力，它们

的嘴巴和现在的鸟类差不多，又尖又长，而且还特别坚硬，它们的这张锋利的嘴巴能够轻而易举地把植物裁断，之后再用锯齿似的牙齿嚼碎吞入它们的肠道。莱索托龙的后肢和前肢的长度相差很多，后肢特别长，而前肢却异常短小，因此它们的奔跑速度非常快，而且动作灵敏，非常有利于逃生。

　　莱索托龙的体型虽然比较小，但是它们的身体结构却非常有利于身体的平衡，这使它们的行动异常敏捷。加上莱索托龙有着非常高的警觉性，即使在吃饭的时候都始终保持着高度的警觉，而且还时不时地东张西望，以防成为肉食性恐龙的口中餐。因此莱索托龙能够在危机四伏的恶劣环境中很好的生存。

◆ 图中最小的是莱索托龙

鸟面龙

又被叫作苏娃蒙古古鸟，它的外貌特征和鸟类很像，尤其是面部，因此被称为鸟面龙。鸟面龙生活在上白垩纪，体型较小，身体只有60厘米长，且像鸟类一样体态轻盈，是发现的最小的恐龙之一。鸟面龙的主要特征是它的前臂非常强壮，可以挖掘到很深的地下。

为什么不能确定慢龙以什么为食呢？

有的古生物学家提出，慢龙的爪子很长，前肢健壮有力，这种形态特征非常适合挖掘蚂蚁的巢穴，就像我们所说的食蚁兽一样，因此他们推测慢龙很可能是吃蚂蚁的。另外的古生物学家则认为慢龙是以捕捉水生动物为生，因为他们在慢龙的脚上发现了蹼，这表明慢龙是会游泳的，因此慢龙是以海底生物为食的。另外，还有人提出慢龙是一种素食性恐龙，因为慢龙的嘴里并没有牙齿，嘴的两侧有颊囊，因此可以轻易地把植物嚼成碎片。再者，慢龙下颌的结构不够有力，因此很难捕捉到那些光溜溜的海底生物。慢龙的腹部非常大，这表明它们的肠子是很长的，这也间接证明了慢龙是吃植物的。

究竟慢龙是以什么食物为生呢？目前为止还没有确切的答案。因

为慢龙既有植食性恐龙的特征，又有肉食性恐龙的某些特征。它们的前颌上没有牙齿，有一张利嘴，这和植食性恐龙很像。但它们的后颌上却长有能够切割肉食的利齿，这又和肉食性恐龙的特征相吻合。因此，到现在为止，我们都始终不能够确定慢龙到底吃什么食物？

古角龙

古角龙生活在白垩纪的早期，主要分布地区是甘肃的马鬃山。古角龙是一种草食性动物，它们的主要食物是松科、苏铁科和蕨类。古角龙的嘴很锋利，可以咬断各种树叶。

为什么说似鸵龙是短跑健将呢？

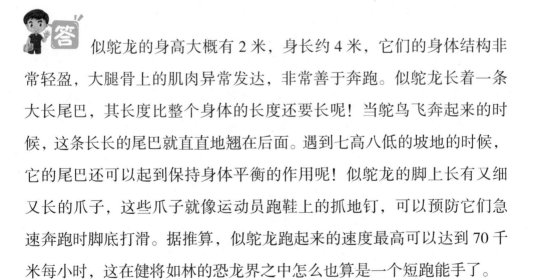

答 似鸵龙的身高大概有2米，身长约4米，它们的身体结构非常轻盈，大腿骨上的肌肉异常发达，非常善于奔跑。似鸵龙长着一条大长尾巴，其长度比整个身体的长度还要长呢！当鸵鸟飞奔起来的时候，这条长长的尾巴就直直地翘在后面。遇到七高八低的坡地的时候，它的尾巴还可以起到保持身体平衡的作用呢！似鸵龙的脚上长有又细又长的爪子，这些爪子就像运动员跑鞋上的抓地钉，可以预防它们急速奔跑时脚底打滑。据推算，似鸵龙跑起来的速度最高可以达到70千米每小时，这在健将如林的恐龙界之中怎么也算是一个短跑能手了。

快达龙

快达龙生活在白垩纪早期，主要分布在 1.15 亿年前的澳大利亚。其体形和现在的袋鼠差不多，体长 2 米左右，身高 1 米左右。快达龙的眼睛非常大，这是因为它生活在南极圈之内，生活在永远的黑夜之中。快达龙的腿很有趣，大腿比较短，而小腿却特别长，因此奔跑速度非常快。

为什么说始盗龙是杂食性动物？

古生物学家保罗认为始盗龙不完全具备大型食肉性动物的特征，因为它们的下颌结构和肉食性恐龙的不一样，不能够咬紧体型较

◆ 始盗龙

大的猎物。始盗龙是一种趾行动物，用后肢来支撑它们的身体。它们的前肢较短，是后肢长度的二分之一。始盗龙的手上长有5根手指头，有3根手指头上长着爪子，这有可能是捕猎食物的时候用的。由此推测出，始盗龙的捕猎对象可能是一些小型的动物。始盗龙身姿轻盈，善于短跑，当它抓到猎物后，会用它们的牙齿和爪子来撕裂食物。可是这并不能完全确定始盗龙就是肉食性动物，因为仔细观察始盗龙的口腔我们会发现，始盗龙口腔后面的牙齿确实锋利无比，和肉食性恐龙的牙齿一般无二，但是口腔前面的牙齿却异常平整钝涩，只能磨碎一些植物的叶子，却不适合撕咬肉食。因此推测出始盗龙可能是一种杂食性恐龙。

中华龙鸟

中华鸟龙生活在白垩世的早期，它的化石发现地位于辽西热河。刚开始人们以为它是一种古老的鸟类，因此给它起名叫"龙鸟"，后来经过一系列的证实发现它其实是一种肉食性恐龙。中华龙鸟的化石上覆盖着一些纤维状的流苏，研究人员认为这些流苏是类似羽毛的东西，主要起到御寒和保护皮肤的作用。

第三章
形态各异的恐龙

你看剑龙身上厚厚的剑板多碍事啊！

就是啊，整天背着那么沉的剑板多累啊！

剑龙身上的剑板肯定有它的用处，只是我们不知道罢了！

小光说的没错，剑龙身上的剑板用处可大着呢。一是剑龙身上的剑板五颜六色的，可以用来吸引异性的注意。二是这些剑板上有很多小孔。可以用来调节体温，就像一台天然的空调。

为什么说地球上的恐龙种类繁多？

中生代时期，恐龙的数量非常庞大。1887年，一个叫哈利·西里的解剖学家把恐龙分为了两大类：一类是蜥臀类，一类是鸟臀类，这种分类法得到了世界各国的普遍认同。蜥臀类的恐龙骨架结构和现在的蜥蜴有很多相似的地方。鸟臀类恐龙的骨架结构和现在的鸟类非常相似。蜥臀类恐龙又可以分为两大类：蜥脚类和兽脚类。蜥脚类恐龙的特点是头骨小，尾巴和脖子非常长，四肢比较粗大，比较典型的代表是梁龙。大部分的肉食性恐龙都属于兽脚类，像恐爪龙、霸王龙等。

◆ 肿头龙

鸟臀类恐龙又可以分为五大类：鸟脚类、剑龙类、肿头龙类、角龙类和甲龙类。鸟脚类恐龙非常有特点，它们可以用两只脚走路，也可以用四只脚走路，此类恐龙的代表有山东龙和异齿龙。剑龙类恐龙中的典型代表有沱江龙、剑龙等。肿头龙类恐龙有着坚固而结实的头盖骨，具有代表性的恐龙有冥河龙和肿头龙等。角龙类的恐龙的特点是有着巨大的头骨和角，代表恐龙是原角龙。甲龙类恐龙的特点是身上覆盖着坚硬而结实的铠甲，代表恐龙是林龙。

目前，已经发现了成百上千种恐龙，而且这个数据还会继续增加。

◆ 沱江龙

鸟脚类恐龙

鸟脚类恐龙生活的时间范围大概是在侏罗纪早期到白垩纪晚期，在生物界有 1 亿多年的历史。鸟脚类恐龙主要依靠强健的后肢运动，在很多方面与鸟类相似，因此得名鸟脚类。鸟脚类恐龙的形体变化非常大，有身材短小的异齿龙，身长只有 1 米；还有中等身材的凌齿龙和身材庞大的鸭嘴龙……

为什么把蜥脚 类称为"巨无霸"呢？

蜥脚类恐龙的体型巨大，有的身体甚至超过了 40 米，体重超过 100 吨。这是迄今为止地球上发现的最巨大的动物了。

易碎双腔龙

易碎双腔龙是迄今为止发现的体型最长体重最重的恐龙，它的体重比蓝鲸的体重还要大。易碎双腔龙属于植食性恐龙，生活在侏罗纪晚期，体长在 40 到 58 米之间，身高在 15 米到 20 米之间，平均体重大概 80 吨，最大可达 100 吨。

为什么说里约龙是素食者？

当里约龙化石初次被发现的时候，科学家在化石遗骸中发现了很多已经被磨平的尖锐牙齿，所以，他们一度认为里约龙是一种凶猛的肉食性恐龙。

在随后的研究中，古生物学家又陆续出土了一些里约龙化石，可是，它们却发现里约龙的牙齿呈现出叶状，这是草食类恐龙的典型特征，并不能很好地切割肉类。后来，人们才弄清楚，原来出土的那些锋利的牙齿是从那些以吃腐肉为生的恐龙身上掉落下来的。除了那些叶状的牙齿，古生物学家还在里约龙的肚子里发现了胃石，这再次证明里约龙的确是一种草食性恐龙。

古生物学家们坚信，里约龙这种大型的草食性恐龙是为了适应三叠纪晚期那种干旱少雨的气候条件而演化出来的。这种高大的体形能够使恐龙轻而易举地获得长在树顶的嫩叶。而且，这种庞大的身躯可以有效抵御肉食性恐龙的侵袭。

小知识拓展

里约龙名称的由来

在 20 世纪的时候，古生物学家在阿根廷的里约地区发现了一种从未见过的恐龙化石，于是，它们就把这种恐龙叫作里约龙。在相当长的一段时间内，里约龙一直都被认为是一种肉食性恐龙，可是，据进一步研究考证，里约龙可能并不是肉食性恐龙，而是一种植食性恐龙。

为什么说双脊龙头上戴着两顶"帽子"呢？

双脊龙的头上长着两片高高鼓起的骨冠，这两片骨冠看起来好像是戴着两顶"帽子"，这也是为什么大家把它叫作双脊龙原因。据推测，双脊龙无论是雌性雄性，头上都长着两片高高鼓起的骨冠，而雄性的骨冠要比雌性的略大一些。它们头上的这两片骨冠究竟有什么用呢？迄今为止还没有准确的答案。有的人认为这两片骨冠或许是它们的装饰品，是用来吸引异性的。有的人则认为这两顶帽子是用来打架的。

◆ 双脊龙

双脊龙的生活形态

双脊龙奔跑的速度非常快，经常捕捉植食性恐龙。逮捕住猎物后，它都会用它又长又尖的牙齿和四肢上的利爪去紧紧地抓住食物，以防猎物逃脱。

为什么说
兽脚类恐龙是天生的猎手？

答 因为兽脚类恐龙的身体特点是后肢着地且后肢异常发达，这种特点非常有利于支撑身体和奔跑。它们的前肢比较短，但是异常灵活，有利于捕猎和撕碎猎物。

兽脚类恐龙独特的身体结构

兽脚类恐龙的后肢很长，后脚非常健壮；头部异常大，在众多恐龙中属它的脑袋最大最复杂；它的眼睛也很大，视力极好，能看到很远处的猎物。它的口腔很深，长满了匕首般的牙齿，牙齿的边上还有很多小锯齿，能够轻而易举地咬死猎物，并撕成碎片。它的头骨非常粗壮，头与颈之间的关节异常灵活，非常有利于撕咬猎物。

为什么说
腔骨龙会吃自己的孩子呢？

答 从发现的化石来看，腔骨龙大部分都是几十只埋在一起。其中还在腔骨龙的体腔里发现了幼龙的身体。因此很多学者提出，腔骨龙很有可能是一种凶残无比的物种，它们在极度饥饿的时候，很可能会吃掉自己的孩子。

关于腔骨龙的逸事

　　腔骨龙是既慈母龙之后第二个被带入太空中的恐龙。1998 年初，腔骨龙的头部骨骼被放进了航天飞机里，带到太空之中执行 STS-89 任务，之后又被带回了地球。

为什么说棱背龙身上的铠甲是用来保护性命的呢？

 棱背龙的身上均匀地覆盖着一列列鼓起来的硬甲，这些硬甲

◆ 棱背龙

上还长着又厚又硬的角质层，看起来就像披了一件厚厚的"铠甲"。这件"铠甲"到底有什么作用呢？研究证明，棱背龙的铠甲可不是用来炫酷的，而是用来保护自己免受肉食性恐龙的偷袭的，就像刺猬的刺一样。在肉食性恐龙环绕的大陆上，行动笨拙、抵抗能力差的棱背龙为了生存，只得靠着这一身的"铠甲"来保护性命。

棱背龙的外形特点

　　棱背龙的脑袋非常小，而脖子却很长。它的四条腿非常健壮，前肢的长度较短。棱背龙用四肢行走，身体的至高点在后臀上。如果一只恐龙的身上长满了圆形的角状的东西，并且尾巴是身体的二分之一的长度，那么这只恐龙就是棱背龙了。

为什么说角鼻龙的角很独特？

　　恐龙身上很少长"角"，因此角鼻龙身上的"角"备受关注。角鼻龙身上的角长在鼻子的上方，质地非常轻盈，如果用来抵御外敌的话，应该不起什么作用。有的学者则认为，角鼻龙身上的角只是一种装饰品，而且很有可能只有雄性恐龙长有这种角，用来吸引雌性恐龙的注意。

♦ 角鼻龙

角鼻龙的体态特征

角鼻龙是非常凶残的肉食性恐龙。它的嘴非常大，牙齿虽短但是非常锋利，与众不同的是它的鼻子上长着一只大角。角鼻龙的前肢很短，但异常强壮。它的骨架和现在的鸟类有很多相似的地方。

为什么说剑龙身上的剑板用处大着呢？

剑龙最主要的特点是它的背上长着很多剑板。这些剑板有什么用处呢？科学家们各有各的看法。最具代表性的有两种观点：一是

剑龙身上的剑板是用来吸引异性的，有的剑板五颜六色，看起来非常好看，这也更能引起异性的好感。剑龙身上的剑板并不是都一样大小，而是有大有小。可能大剑板的剑龙更能吸引异性的注意。二是剑龙身上的剑板是用来调节体温的，这些剑板上有很多小孔，这些小孔可以帮助剑龙的身体散热和吸热，就像一台天然的空调。可见，剑龙身上的这些剑板用处还不少呢！

小知识拓展

剑龙的生活习性

剑龙属于草食性恐龙，它们喜欢吃蕨类、松柏、苔藓、木贼、苏铁和果实。剑龙的咀嚼能力很差，在它们的胃里发现了很多胃石，这些胃石以减轻胃肠的负担。剑龙一般是群居生活，尤其是幼龙，活动的时候都是结伴而行。

◆ 剑龙

为什么说巨齿龙是可怕的猎手？

巨齿龙属于肉食性恐龙，它们身材庞大，有两只大犀牛那么大。它们的牙齿又大又尖，牢牢地长在颌骨里，而且牙齿呈弯曲状，牙齿的边缘布满了锯齿，这样的牙齿在撕咬猎物的时候，既锋利又不容易松动。除了厉害的大嘴，巨齿龙的另一个犀利的武器就是它的爪子。它的爪子又长又锋利，可以把猎物的皮和皮下的肉都撕碎。

巨齿龙的脚印

考古学家曾在一片沙滩上发现了 5 个有史以来最长的恐龙脚印化石，脚印的长度分别为 184 米、226 米、195 米、311 米和 262 米，这些脚印的主人就是巨齿龙，根据巨齿龙脚印的分布特征可以推测出，巨齿龙走路时的姿态可能跟鸭子一样摇摇摆摆。

为什么说嗜鸟龙是肉食性恐龙？

嗜鸟龙属于兽脚类恐龙，它们身材矮小，就像一只小巧的矮脚马。它们的后肢很长，而且强健有力，因此跑起来非常快。它们的前肢比较短，但是可以抓住东西，像躲藏在角落里蜥蜴、躲在草丛里

的小动物，它都能轻易地抓住。它们有一口又尖又长的牙齿，就像一把把锋利的短剑，这些特征足以证明嗜鸟龙是肉食性恐龙。

小知识拓展

嗜鸟龙名字的由来

嗜鸟龙，顾名思义就是嗜好鸟类的恐龙，实际上，嗜鸟龙生活的年代还没有鸟，科学研究发现，嗜鸟龙动作非常快，以此推测它可能喜爱捕猎始祖鸟，因此得名"嗜鸟龙"。

为什么
说异特龙是最恐怖的猎手？

答 异特龙生活在侏罗纪晚期，它的前肢上共有 6 个爪子，最长的爪子可以达到 25 厘米，而且它指头上的关节很灵活，可以使它的巨大的爪子收放自如。捕猎的时候，异特龙先用它那锋利的爪子把猎物杀死，然后再用它那呈锯齿状的牙齿把猎物撕碎。它的爪子巨大无比，完全可以握住一个大人的头！

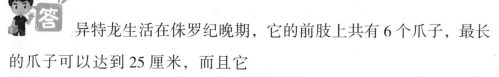

◆ 异特龙

异特龙的智商

研究发现，恐龙的智商并不是和它们的身材成正比，像马门溪龙和剑龙，它们虽然身材庞大，但是智商并不高。异特龙身材巨大，经过研究发现，它的大脑异常发达，是那个时代发现的智商最高的恐龙了，这也非常利于它们的群居生活。

为什么说禽龙分布特别广泛？

禽龙生活在白垩纪的早期，是当时非常繁盛的一个恐龙种族，在欧洲、美国、蒙古都发现了禽龙的踪迹。说起禽龙繁盛的原因，可能和它们的咀嚼本领有关系。禽龙的咀嚼本领非常强大，它们的牙齿可以把食物咀嚼得非常烂，这样就极大地增强了消化能力。另外，它们对食物的要求不高，很多东西都能成为它们的美食，因此它们可以在任何地方生存下来。从而成了白垩纪时期分布非常广泛的恐龙。

与禽龙有关的文化

在很多电影中，我们可以看到禽龙的影子。如动画影视作品《恐龙》中，我们就可以找到好几只活跃在荧幕上的禽龙。《历险小恐龙》和《与恐龙共舞》中，我们也看到了禽龙的形象。

甲龙类恐龙为什么被称为"坦克龙"？

甲龙类恐龙生活在白垩纪晚期，它们最显著的特点是，除了腹部，全身都覆盖着坚硬的甲骨。这些甲骨各式各样，而且带有棱嵴。有的甲龙类恐龙身上的骨甲之间还有小骨，侧面还有一排排地骨棘，看起来简直像极了现在全副武装的坦克。因此，甲龙类恐龙又被称为"坦克龙"。

坦克

坦克是一种战斗车，身上有两条履带，一般的坦克都配备火炮和自动发射的武器，具有超强的越野性能，坚固无比，火力强大，突击能力非凡。根据任务安排，可携带多种作战武器，如榴弹、破甲弹等。一般情况下，坦克都是在陆地上使用，被称为"陆战之王"。但有的坦克可以同时在陆上和水上使用，被称为两栖坦克。

为什么说棘龙爱吃鱼？

棘龙的牙齿和一般的兽脚类恐龙不一样，大部分的兽脚类恐

◆ 棘龙

龙的牙齿都呈锯齿状，而棘龙的牙齿却像一个圆锥，而且牙齿上还有平行的纹路，这样的牙齿和食鱼性动物的牙齿比较相似。而且曾经有学者在棘龙的肚子里发现了鱼鳞，由此可以推测出，棘龙确实喜欢吃鱼。

棘龙的外貌特征

棘龙的后背上长着很多长棘，最高的一根有 1.65 米，这些长棘使它的背部呈帆状，这个巨大的帆有可能是用来调节体温的，也有可能是散发热量的、也有可能是用来吸引异性的……

为什么说恐爪龙是爪子最厉害的恐龙？

恐爪龙是非常厉害的捕猎者，它的后肢上有两根非常恐怖的利爪。这两根恐怖的利爪有 12 厘米那么长，就像两把锋利的镰刀。恐爪龙前肢上的指头也非常长。遇到猎物，恐爪龙单脚着地，利用另一只脚上的"镰刀"和前肢上的爪子，猎物就这样轻而易举地被它撕裂了。这些恐怖的利爪成就了恐爪龙"最厉害的杀手"的称号。

镰刀

镰刀的形状像一弯月牙，它的把儿一般是木质的，主要作用是收割水稻和小麦。现在是南方农村常用的农用工具。另外，镰刀在我国是农民的代表，我国的党徽上就有镰刀的形象。

为什么说伤齿龙是最聪明的？

从大脑和身体的比例来说，伤齿龙的大脑相对于其他的恐龙来说是最大的，因此它非常可能是最聪明的恐龙。有的学者认为，伤齿龙的智商很高，和鸵鸟差不多，比爬行动物的智商要高很多。

小知识拓展

恐人学说

伤齿龙的智商有 5.3 那么高，真是高智商的动物。伤齿龙智商和现在的鸟类差不多，聪明的鸟类经过专门的训练可以模仿人说话，因此曾经有生物学家设想过，如果恐龙没有灭绝，奔龙可能成为人类的替代者，成为"恐龙人"，称霸地球。这就是风靡一时的"恐人学说"。

为什么霸王龙在白垩纪末期能称霸一方？？？

答 霸王龙身材巨大，有 12 米长，它的头部庞大，牙齿也巨大无比，就像一排香蕉。霸王龙的头骨强壮无比，在暴龙家族中堪称第一。它的咬力更是惊人，能够轻而易举地咬断骨头。霸王龙捕猎的时候，一般都是先从猎物的体内入手，然后再到颈部。霸王龙在吃食的时候都是连骨头带肉一并吃掉，连骨头渣都不吐。霸王龙的嗅觉非常灵敏，

◆ 霸王龙

实力也出奇的好，这些生理特点都非常有利于捕猎。因此，在那个年代，没有哪种物种能和它相抗衡，霸王龙当然就可以称雄一方了。

霸王龙的生活环境

霸王龙生活在白垩纪晚期，从发现的植物叶片化石中发现，那个时期的植物主要是阔叶植物。现在，在霸王龙生活的地方，仍然有那个时代的植物保存下来。

为什么
说副栉龙的头冠是一个谜？

答　副栉龙属于鸟脚类，它最明显的特点就是它的头上长着一个大大的类似棒子的头冠，而且这个头冠的长度比其他一些恐龙的头冠

◆ 副栉龙

都要长。副栉龙的头冠有什么作用呢？有的学者认为它的头冠是用来区分性别的，就像现在公鸡和母鸡的头冠一样。有的学者则不这么认为，他们觉得副栉龙的头冠是用来沟通交流信息的，像现在的喇叭一样，能把声音传得很远，是同族之间日常交流或者紧急时刻用来求救的主要工具。还有的学者则提出副栉龙的头冠是用来调节自身的体温的。关于到底谁的观点正确，到现在还不能确定，因此关于副栉龙的头冠的作用，仍然是一个未解之谜。

迷你恐龙——欧罗巴龙

欧罗巴龙属于蜥脚类恐龙，一只成年后的欧罗巴龙的身体只有 6 米多点，这与体型巨大的梁龙相比，欧罗巴龙简直就是得了侏儒症了，因此欧罗巴龙被称为"迷你恐龙"。身材娇小的欧罗巴龙打破了人们认为所有的蜥脚类恐龙体型都特别巨大的固有认知。

为什么冰脊龙充满争议？

冰脊龙体型巨大，又被称为东角龙，是在南极洲发现的第一只肉食性恐龙。冰脊龙最显著的特点是它那只奇怪的头冠，和其他的恐龙头冠不一样，它的头冠是一把奇形怪状的梳子，而且是横向生长的。说起冰脊龙的头冠，有的人把它的头冠比作赫赫有名的摇滚歌手埃尔维斯·普

雷斯利发型，冰脊龙还因此得到了另外一个名字埃尔维斯龙。但是到现在为止，仍然没有人能够确定冰脊龙那只奇怪的头冠到底有什么作用？

冰脊龙生活在南极，南极给我们的印象是冰天雪地和圆溜溜的笨笨的企鹅。企鹅之所以能在南极的冰天雪地里生存，是因为它的身上有厚厚的脂肪来保暖。这样说来，冰脊龙肯定也是胖胖的了。有的学者就是这样认为的，他们觉得冰脊龙也像企鹅一样有着厚厚的脂肪，来抵御南极的寒冷。可是另外一些学者却不同意这个观点，他们认为，如果冰脊龙长得胖胖的，那么它们的身体肯定特别笨重，跑起来速度也是特别慢，这样的话就很难捕猎到食物，最后只有饿死了，因此冰脊龙绝对不是个胖子了。再者，那个时候的南极可能也并不是现在这么冷，因此也就不需要厚厚的脂肪来保暖了。至于冰脊龙到底是胖是瘦，至今仍然没有一个确切的说法。

◆ 冰脊龙

1990年，古生物学家通过对南极洲的研究发现，冰脊龙生活的年代，南极洲还不是高纬度区域，但是已经有寒冷的气候了。因此人们又提出了疑问，如果说冰脊龙是一种冷血动物的话，那它如何能适应南极的寒冷呢？如果南极有6个月的冬天，那冰脊龙需要具备足够高的自身体温，才能熬过漫长的冬天，否则就会被冻死。有的学者就此推测出，冰脊龙可能是温血动物。而另外一些学者则强烈反对这种观点，他们认为冰脊龙很有可能冬天不在南极生活，到夏天热的时候才迁徙到那里的，因此不需要有稳定的体温。这两派学者各自坚持自己的观点，始终没有一个统一的说法。

小·头·龙

小头龙生活在白垩纪时期，是一种植食性恐龙。小头龙的主要特征是胸部长着一对形状似盘子的碟状骨，这种骨骼的构造和现在的鳄鱼、鸟类一样。小头龙身上的碟状骨十分脆弱，不能用来防御敌人的攻击，有关专家认为小头龙身上的碟状骨是在其奔跑的时候保护内脏的。

为什么盔龙没有门牙？

盔龙的一个主要特点是，它们嘴巴的前端基本没什么牙齿，而嘴巴的后端却长着密密麻麻的牙齿，大概有上百颗那么多。这种怪异的口腔结构令研究者非常困惑。有的研究者提出，盔龙是植食性恐龙，

它们进食的时候并不需要门牙，嘴巴后端的牙齿就足以把食物嚼碎了，而且这种处理食物的方法能够帮盔龙更好地吸收营养。因为门牙没有什么作用，因此逐渐地退化掉了。但是有的学者并不赞同这种观点，因为和盔龙有着类似结构的恐龙都有着完好无损的门牙，只有盔龙没有。到底是怎么回事呢？到目前为止还没有一个确切的答案。

小知识拓展

盔龙的头冠

盔龙的头冠大小不一，这跟它们的性别和年龄有关系。一般情况下，年龄较小的盔龙头冠较小，雌性盔龙的头冠较小。年龄较大的盔龙头冠较大，雄性的盔龙头冠较大。幼年时的盔龙头冠几乎看不到，头上只有稍微地突起。盔龙的头冠是用来自卫的，也可以用来威吓敌人。

◆盔龙

为什么埃德蒙顿龙
要不断地换牙？

答 埃德蒙顿龙的口腔里长满了大小不一的牙齿，大概有一千多颗。也许是因为埃德蒙顿龙喜爱吃较硬的植物，因此需要这么多的牙齿。值得一提的是，埃德蒙顿龙每隔一段时期都要换一次牙，而且换牙的周期很长，并且牙齿的生长期也非常长，一颗牙的长成需要大概一年的时间。新牙长出后，旧的牙齿也就随之脱落了。

可是为什么埃德蒙顿龙要频繁地换牙呢？有的学者指出，是因为它们所吃的植物的汁液会毁坏其牙齿，使它们逐渐丧失对食物的味觉。因此它们换牙是为了获得更好的味蕾。而有的学者则认为，埃德蒙顿龙的牙齿质地太差，用不了多长时间就坏掉了，不能用了，只能更换新的牙齿了。至于到底哪种观点正确，我们还不得而知。

小知识拓展

食肉牛龙

食肉牛龙是一种凶猛无比的肉食性恐龙，它们的体型巨大，有3辆汽车那么大。它们的头部强壮有力，牙齿像菜刀一样锋利无比。有研究者指出，食肉牛龙的身手非常敏捷，常常在猎物还没明白怎么回事的时候就已经得手了。它们的奔跑速度也是异常快，被称为恐龙家族中的"猎豹"，时速可达到60千米。

为什么说单爪龙像鸟？

单爪龙属于兽脚类，它们的体型较小，身长大概 1 米左右，有一双敏捷而修长的脚，跑起路来非常快，单爪龙的这种外形非常适合在茫茫沙漠中躲避敌人以及捕捉猎物。单爪龙的另外一个特点就是它的前肢非常短小，前肢上长有一个健壮的大爪子。这个大爪子可以帮助单爪龙挖掘土丘，然后捕捉到美味的白蚁。由于单爪龙的脑袋极小，牙齿也是小的可怜，因此可以断定它们主要是以昆虫类或者体型较小的动物为食的，如体型较小的哺乳动物、蜥蜴等。单爪龙可能拥有一双大眼睛，这样它们就可以在寒冷的夜晚捕猎到美味的食物了。

有的古生物学家把单爪龙归为鸟类，因为单爪龙具有很多类似鸟儿的特征，例如它们的龙骨和腓骨，都和鸟类的特征非常相似。

小知识拓展

埃德蒙顿龙天生的劲敌

埃德蒙顿龙天生的劲敌是暴龙，它们生活在同一个时期的同一个环境里，彼此残杀，相互争斗。人们在一个埃德蒙顿龙的骨骼化石上发现了一处牙齿的痕迹，这个痕迹表明它曾经受到了敌人的攻击。而从这个攻击的部位的高度来分析的话，这个攻击者显然是一个大个子。而从化石的分布地来看，可以锁定这个攻击者是暴龙。

为什么说安琪龙的"天使"称号充满争议？

安琪龙体型娇小修长，体态轻盈，长着细长的脖子和细长的尾巴，给人一种弱不禁风的感觉。关于安琪龙的性情，古生物学家的观点却不尽相同。

有的学者觉得，安琪龙性情温顺，就像它弱不禁风的外表一样。因为安琪龙是素食性恐龙，它们长着一张又长又尖的嘴巴，但是它们的牙齿却是又小又细，不怎么锋利，只能用来嚼碎植物的叶子。安琪

◆ 安琪龙

龙用四只脚走路，走路的速度非常慢。有时为了吃到高处的树叶，它们也会用两只脚走路，前肢向上攀爬。安琪龙走路的姿态优雅，不慌不忙，如天使一样温文尔雅，与世无争。

而有的学者则不赞同这种观点，他们认为把安琪龙比作"天使"真是幼稚可笑。安琪龙后肢较长前肢较短，前肢的长度只有后肢长度的三分之一。前肢上长有又弯又大的爪子，可能是用来钩住高处的树枝的。在遇到劲敌时，它的爪子就变成了攻击敌人的有力武器。这么来说的话，这些看似温柔美丽的天使并没有想象中的那么弱势，因此，安琪龙的"天使"称号实在是无稽之谈。

盔龙的皮囊

小知识拓展

盔龙脸的两侧长着一种皮囊，和青蛙的皮囊比较类似，这种皮囊可以鼓起来，还可以发出不同的声音。盔龙还可以用它的皮囊来调节声音的高低，从而发出求救的信号，或者引起异性的注意。

第四章
恐龙的终结时代

你看现在的鳄鱼和恐龙长得多像，肯定是恐龙的后代喽！

确实挺像的，但是鳄鱼是不是恐龙的后代就不清楚了。

恐龙已经灭绝了，鳄鱼肯定不是恐龙的后代！

确实，鳄鱼并不是恐龙的后代。恐龙生存的时代确实有鳄鱼的村庄，但它俩却不是同一类物种，最多只能算是近亲。鳄鱼是由古代鳄鱼进化而来的，并不是恐龙进化形成的。

为什么说恐龙不是突然灭绝的呢？

不可否认，恐龙真的灭绝了，恐龙时代早已成为历史。但是值得一提的是，恐龙并不是突然就灭绝的，科学家经过研究发现，恐龙在全部消失之前，就已经有个别物种在逐渐地消失了，而剩下的大多数恐龙则是因为没有逃过大灭绝事件的冲击，全部灭绝了。

始祖鸟的外貌特征

始祖鸟是迄今为止人类发现的最古老的鸟类。它的体型跟现在的乌鸦差不多大，身上长有羽毛。头部和现在的蜥蜴很像，下颚上长着牙齿。它的两个前肢虽然已经具有了翅膀的样子，但是还有分开的三个指头，指头上还长着爪子。据科学家推测，始祖鸟只能在陆地上奔跑，或者在半空中滑翔，还不能够飞起来。因此把始祖鸟定位为爬行动物过渡到鸟类的中间产物。

为什么恐龙最终灭绝了？

究竟是什么原因导致了恐龙的灭绝呢？到现在为止，仍然没有一个确定的答案。不过，科学家有很多种推测：一是一颗未知的小

行星撞到了地球上。二是恐龙生存的地方出现了大规模的长期的火山活动。三是大灭绝事件给恐龙带来了灭顶之灾，等等。

恐龙灭绝假说

　　关于恐龙灭绝的说法，主要有以下 6 种：大陆漂移、气候变迁、地磁变化、物种斗争、陨石撞击和植物中毒。

为什么
说是哺乳动物杀死了恐龙？

研究者通过长期的研究发现，在恐龙灭绝之前，多瘤齿兽类

◆ 多瘤齿兽

的哺乳动物就已经非常繁盛了，而且它们的体型也演变得非常巨大了。因此，那个时候的恐龙并不是唯一的霸主了，以多瘤齿兽为首的哺乳动物已经可以和恐龙相抗衡了。这种稍微小一些的哺乳动物刚开始的时候是抢夺恐龙的食物，之后又打起了恐龙蛋的主意。这些小型的哺乳动物身手敏捷，奔跑速度快，很难被恐龙逮到，而且它们的繁殖能力非常强，随着数量的逐渐增加，恐龙蛋很快就被这群"盗贼"吃光了。

最早的恐龙蛋

　　最早的恐龙蛋是在 1869 年发现的，其发现地位于法国的普罗旺斯。恐龙蛋形态各异，大小不一，最大的有 50 厘米，最小的有 2 厘米。

为什么说放屁是罪魁祸首？

　　恐龙身材巨大，为了维持生命，它们需要吃掉非常多的绿色食物，这些食物进入恐龙的肚子，经过消化后会形成甲烷等废气，然后通过放屁的形式排出来。有数据显示，植食性恐龙每年排放的甲烷可达 5.2 亿吨，比现在人类排放的温室气体还要多。因此，恐龙被人们称为"甲烷制造器"。甲烷对环境的影响非常大，可以加剧地球的温室效应。因此，一些学者认为，恐龙制造的大量的甲烷排入空气中，导致全球气候逐渐变暖，随之引起了严重的气象灾害，最终导致了恐龙的灭绝。

温室效应

温室效应又被称作"花房效应"，它形成的主要原理是太阳短波辐射通过大气层照射到地面，地表逐渐变热，然后向上反射长波辐射，这些长波辐射被大气层吸收。这种原理就像今天农民的温室大棚，因此成为"温室效应"。

为什么剑龙灭亡最早？

剑龙是一种植食性恐龙，它身材庞大，但是脑袋却出奇的小。研究发现，剑龙的脑容量属于恐龙中最小的，只有宠物狗的脑容量那

◆ 剑龙

么大。这就可以证明剑龙的智商非常低，是地地道道的笨蛋，这是导致剑龙灭亡的原因之一。另外，剑龙的体型颀长，脑袋低，因此只能看到一些低矮的植物。当高的植物逐渐成为主要的食物的时候，随之而来的就是大型的竞争对手，威胁到剑龙的吃食。因此，剑龙之所以灭亡，是物竞天择的结果。

剑龙

剑龙是侏罗纪晚期的一种大型植食性恐龙，它们生活在平原上，喜爱群居。剑龙的脑袋出奇的小，因此非常笨，它的主要特点是背上生长着三角形的大骨板。

为什么说
三角龙是最后灭绝的恐龙？

最近，人们在美国蒙大拿州发现了一处新的恐龙化石。经过研究发现，这些恐龙化石的主人是三角龙。这些化石位于有着"地狱溪建造"之称的地层中。比较引人关注的是，这些化石的埋藏位置非常浅，离地面只有13厘米，巧合的是，这个位置正好代表着第三纪和白垩纪，也就是恐龙灭绝的最后时间。因此人们推测，这批三角龙是最后灭绝的恐龙。

海王龙

　　海王龙，别名节龙，它的体型非常庞大，但是善于游泳。海王龙的脑袋非常大，嘴巴又长又尖，脖子很短，但体型颀长。其实，海王龙并不是真正的恐龙，只是和恐龙生活在同一个时代罢了。

为什么恐龙灭绝了而其他一些动物却存活了下来？

答　　恐龙灭绝而其他的一些动物却逃过一劫的原因大致有两个方面。一方面恐龙身材巨大，灾难来临的时候，很难逃过去。因为它们的食量非常大，没有了充足的食物，自然就被饿死了。另一个方面和

◆ 海王龙

它们的繁殖方式有关。以鳄鱼为代表的爬行动物，它们的体温可以随外界温度的变化而自然地调节，它们用来繁殖后代的卵子可以自己来孵化。鸟类也是一样，它们可以自己孵化后代。哺乳动物的后代是在它们的体内产生的，环境不会受到外界的干扰。即使小家伙出生以后，也有妈妈的悉心呵护。而恐龙却不一样，它们用来繁殖后代的恐龙蛋是靠大自然的温度来孵化的，因此，当外部的环境变了，温度变了，这些恐龙蛋就没办法被孵化了。

小知识拓展

恐龙的繁殖方式

恐龙蛋化石一般是埋藏在一起的，因此恐龙蛋化石都是一窝一窝被发现的，埋藏地点大部分都是在湖泊的边上。因此我们可以猜想，恐龙是集聚在一起产蛋的，一般情况下，恐龙产下蛋之后都要排列起来，埋上土，然后再产蛋，再埋土。

为什么
说地球上的恐龙还有幸存？

非洲的泰莱湖是一个古老又原始的地方，这里蕴藏着很多不为人知的秘密。1983 年，一支刚果的考察队在这里开始了他们的考察工作。听这里的渔民说，他们在晚上打鱼的时候，曾经亲眼看见了一

只巨大的怪兽。当怪兽发现异常，便被吓得大叫了一声，跳进了河里。而且这只巨大的怪兽还把几颗粗壮的大树给撞断了。考察队的人听了非常激动，他们在河边蹲守了一个星期，终于拍到了那只巨大的怪兽。这只怪兽的头部很小，额头是褐色的，背部异常宽大，浑身光滑无比，又黑又亮。当它发现有人的时候，急忙隐没到了河里。据观察，这只怪兽好像在河底的洞里长期的休眠。泰莱湖的湖底有很多暗洞，而且和周围的河流相贯通。这只怪物是不是幸存的恐龙呢？没有人能确定。但是很快，古生物协会召开的会议上发布了一条振奋人心的消息：泰莱湖里生存着一只恐龙。探险队通过对当地恐龙骨头的鉴定发现，这些骨头离现在也就 10 万年的时间。这也表明了，10 万年前恐龙仍然存在。

泰莱湖

泰莱湖位于非洲的刚果地区，是一片神秘的地域，常年被原始森林所环绕，湖的上空烟雾缭绕，像是画里的仙境。

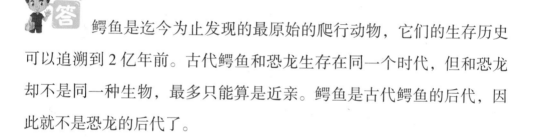

为什么说鳄鱼不是恐龙的后代？

鳄鱼是迄今为止发现的最原始的爬行动物，它们的生存历史可以追溯到 2 亿年前。古代鳄鱼和恐龙生存在同一个时代，但和恐龙却不是同一种生物，最多只能算是近亲。鳄鱼是古代鳄鱼的后代，因此就不是恐龙的后代了。

恐龙公墓

在地底下集中埋藏了大批的恐龙骨骼的地方，被称为恐龙公墓。恐龙公墓不是人为的，而是一种自然形成的景象。恐龙公墓中的恐龙种类繁多，可能是恐龙在生前的某一时刻突然遇到某种灾害而被直接埋在了地下。因为恐龙被快速地埋藏在地下，因此它们都保持了死亡时的状态，而且它们的骨骼都被完好无损地保存了下来。恐龙公墓是非常稀有的自然资源，一旦被发现就引起了非常大的轰动。恐龙公墓是我们研究恐龙的非常宝贵的自然资源。

为什么说鸟类是恐龙的后代？

近年来的一些研究发现，恐龙并没有完全灭绝，它们的后代仍然存活着，就是与我们生活在一起的鸟类。研究学者赫胥黎在19世纪末期的时候曾提出鸟类是恐龙的后代，这一假设引起了学者们的研究热潮。赫胥黎通过长期的研究发现，始祖鸟和美颌龙在很多地方都非常相似，人们经常会把始祖鸟的骨骼和美颌龙的搞混。后来，辽宁地区新出土了很多恐龙化石，令人惊喜的是，这些化石都带着羽毛。这又证明了鸟类是恐龙的后代这一假说。另外，学者们还发现恐龙中的猎龙有着类似鸟类翅膀的前肢和轻盈的身体，甚至有了能够飞起来的呼吸系统。因此，猎龙和鸟类也有着非常亲密的关系。截至目前，已经发现了一百多个与恐龙骨骼相似的鸟类。虽然还不能确定鸟类就是恐龙的后代，但是大部分古生物学家都一致赞同这个观点。因此，我们可以认为，恐龙根本没有灭绝，它们仍然和我们生活在同一片蓝天之下。

小知识拓展

中华恐龙馆

是科普恐龙知识的地方，位于江苏省常州市。该馆集中展示了我国的一些恐龙化石。从中我们可以了解到恐龙的发生变化及灭绝的历史，恐龙馆向人类宣扬的自然观是人与自然和谐共处。恐龙馆的造型像是三条低声密谈的恐龙，全馆有两万平米，高达36米，是常州的标志性旅游建筑。

第五章
宝贵的恐龙化石

为什么我们要研究恐龙？

首先，为了让大家更好地了解恐龙。什么是恐龙？恐龙都有哪些分类？它们的生活是什么样的？它们是如何灭绝的？当我们发现恐龙的时候，就对这种遥远的生物产生了浓厚的兴趣，因此我们通过研究和挖掘恐龙的秘密，让大家更多的了解恐龙，以满足大家的强烈的求知欲望和好奇心。其次，对恐龙的研究，也是在研究物种的进化过程。恐龙作为地球上的一员，曾经辉煌过，称霸过，它们的生存状况如何，又是如何演变的？作为曾经生活在地球上的重要的一分子，它们的生活轨迹在生物史有着非凡的意义。进一步说，对恐龙的研究和挖掘还可以使人们更好地面对未来。通过研究恐龙，我们得到了很多有关历史、地理、生物、天文等方面的知识，这些知识可以帮我们认识地球原来的样子，包括它的环境、植被、地质和气候等。纵观地球的历史，我们可以推测出地球环境变化的某些规律，如地球的气候变化规律，灾难发生的规律等等。这样人类在面对这些变化的时候，可以提前做好预防工作。因此，研究恐龙可以帮助我们更好的生存和发展。

小知识拓展

恐龙灭绝之自相残杀

有的学者提出了恐龙灭绝可能是自相鱼肉造成的。首先，随着肉食性恐龙越来越多，植食性恐龙作为它们的食物，变得越来越少，直至消失。没有了植食性恐龙，肉食性恐龙就失去了维持生命的食物，只能自相残杀。自相残杀到一定程度，就导致了同归于尽的结果。

为什么在悬崖、采石场容易发现恐龙？

一般情况下，侵蚀中的悬崖、海岸等地都是寻找恐龙化石的好去处，在采石场和工地也容易发现恐龙化石。据传，在1700多年以前，我国就曾经发现过恐龙化石。当然，那个时候的人根本不知道恐龙，因此就把它们认为是传说中的龙的遗骨。1677年，一个英国学者在书中描述和刻画了一个在采石场发现的巨大腿骨化石，还配了一幅图，他描述这个大腿骨不是牛的，也不是大象的，可能是属于一种巨人的。后来的古生物学家对书中描绘的大腿骨进行鉴定和分析，发现这个英国人描绘的是巨齿龙的大腿骨，这才为我们解开了疑团。

小知识拓展

恐龙化石的初始

在古代欧洲，人们早就知道在地下埋藏着某些形状奇特、体形巨大的动物骨骼化石，只是人们一直搞不懂那究竟是什么物种留下的。直到1822年，曼特尔夫妇对发现的禽龙化石进行研究，才初步确定这是一种已经灭绝的爬行动物的化石。

为什么说
恐龙化石的形成非常复杂？

恐龙化石是如何形成的呢？首先，恐龙死后被掩埋在泥沙里，这些掩埋恐龙尸体的泥沙隔绝了外界的空气和水分，这样就避免了尸体的分解和消失。之后越来越多的杂物覆盖在尸体上面，随着时间的推移，这些恐龙尸体被越埋越深，越埋越深。第二就是尸体的石化。现在想要找到一具带着血肉的恐龙尸体简直就是天方夜谭，因为经历了千万年的时间，这些尸体的软组织早就已经腐烂掉了，唯一保存下来的就只剩下恐龙的骨骼了。这些骨骼在与世隔绝的地底下变得越来越硬，最终变成了像石头一样的化石。恐龙的尸体变成化石以后，就

◆ 恐龙化石

比较好保存了。但是，这些尸体仍然会因为高温或挤压等外界的破坏而损坏或者消失。第三是化石的回归。经过千万年的地质运动，这些被埋葬在地底下的恐龙化石又重见天日了，那些覆盖在恐龙化石上面的杂物被冲刷掉了，恐龙化石逐渐进入了人们的视野。由此可见，恐龙化石的形成与保存真的是一个异常烦琐的过程。

小知识拓展

镰刀龙

镰刀龙属于兽脚类恐龙，生活在白垩纪晚期，它的体型巨大，行动非常缓慢。由于它的爪子的形状非常像镰刀，因此得名镰刀龙。据古生物学家推测，镰刀龙可能属于植食性恐龙，可能是由肉食性恐龙演化而来的特别的物种。其主要分布地区位于今天的北美洲和东亚。

为什么说恐龙化石的挖掘是一个复杂而精细的过程呢？

答 恐龙化石在具体的挖掘中，考古人员会依据不同的挖掘地点和挖掘环境采用不同的挖掘方法。例如，在沙漠里，考古人员只需要把化石上面的沙子清理掉，就能够把骨骼整理出来。然而，要把硬岩里的大骨架化石挖掘出来可就不是那么简单的事情了，那就需要使用炸药、开路机或者钻孔机。寻找化石往往要用到地质图，航空摄像和卫星摄像等高科技的运用，可以精确锁定岩石位置。化石的搬运过程必须小心谨慎，稍有不慎，便有可能损坏化石，从而影响对化石的研究。化石在搬运前一般需要进行稳定处理。有时候，只要用胶水或者树脂涂刷化石的暴露部分，而较复杂的情况下则需要用粗麻布浸泡在热石膏液中做成绷带包裹，小块化石直接用纸张包裹起来，也可以放在样品袋中，这样可以避免受损。

小知识拓展

恐龙的哪些部位能够成为化石？

一般来说，并不是恐龙身体的所有部分都能成为化石，只有恐龙的骨骼和牙齿等硬体部分才较有可能成为化石。硬体的成分不一样，保存下来的难易程度也不一样，越硬就越容易保留下来。

◆ 法国发现身长超过 40 米的恐龙化石

为什么说恐龙身上坚硬的部分容易形成化石呢?

恐龙身上的软组织,如内脏、肌肉等,非常有可能被其他的肉食性动物吃掉了,如果有幸没有成为别的动物口中的美食,也会随着时间的推移,腐烂消失掉。所以这部分根本不可能形成化石保存下来。而恐龙身上坚硬的组织,如爪子、角、骨骼和牙齿等,这些东西很难腐烂,结果被埋在了泥沙里,形成了我们今天所见到的化石。

三角龙

三角龙属于植食性恐龙,生活在前6800-6500万年。三角龙的体型属于中等大小,身长在6米到8米之间,身高在2.4到2.8米之间,体重在5到10吨。它的头部非常大,头上有三个巨大的角,就像现在的犀牛。三角龙的角可能是它猎取食物的武器,也有可能是求偶的装饰品。

为什么说化石复原是一个精细活儿呢?

化石的复原就是要把没有外露的化石从周围的岩石中凿刻出

来，如果化石发生断裂，应该把其粘补完整，唯有如此，恐龙化石的本来面目才能重见天日。

工作人员必须掌握基本的恐龙生理学知识，能够准确地辨认发现的骨头是恐龙身体的哪一部分，这样才能为进一步挖掘打好基础。

在研究室中，科学家会把化石周围的石块去除，从而使化石的精细构造得以完整展现，然后将化石骨骼拼凑在一起，构建出一副完整骨架，在添上筋肉，这样一个活生生的大恐龙就摆在眼前了。

由于年代过于久远，恐龙的骨架往往都有缺损，因此，科学家经常用玻璃纤维制作出模型来替代丢失的部分骨架。一切就绪之后，古生物学家就开始研究恐龙的构造了，如果是一种新发现的恐龙，那还需要为这个恐龙起一个响当当的名字呢！

世界上最大的恐龙骨架

2014 年，迄今为止人类发现的最大的恐龙——巨型汝阳龙的骨架被成功恢复。复原以后，该恐龙体长达到了惊人的 38.1 米，宽达 3.3 米，是世界上复原装架的最大的恐龙，据估计，该恐龙体重达到了 130 吨，和 20 头大象的重量差不多。

为什么早期恐龙的资料很少呢？

所谓早期恐龙指的是三叠纪时期的恐龙，那个时候的恐龙还

◆ 始盗龙塑像

是一个新的物种。由于那个年代过于久远，恐龙刚刚横空出世，无论是数量还是种类都不多，因此，保存至今的化石也极为稀少。

在美洲、非洲和欧洲都出土了为数不多的早期恐龙化石，尽管数量很少，但是通过对这些化石的研究，古生物学家依然获得了较多可靠的信息。例如，阿根廷出土的"始盗龙"化石：距今约 2.2 亿年，属于三叠纪晚期。它是一种肉食类恐龙，体长约 1 米，体重 11 千克，后肢粗壮有力，前肢短小灵活，还长有锋利的牙齿和爪子。

在美国的亚利桑那森林公园出土过一具早期恐龙化石。它保存结构相对完整，身长 2.5 米，体重约 90 千克，用四足行走，能用后肢站立。它是一种植食性恐龙，也许是以后那些蜥脚类恐龙的先祖。经过科学家的研究考证得知，这种恐龙生活在距今约 2.2 亿年前。

尽管早期恐龙化石不多，然而它们却雄辩地证明恐龙的身体是一步步由小变大的，种类也逐渐由单一变得多样化。另外，早期的恐龙已经能用后肢站立、奔跑了，这个本领是其他爬行动物无法学到的。

早期恐龙——埃雷拉龙

在安第斯山曾经出土一具保存完整的肉食性恐龙，这就是埃雷拉龙。它身高为 1.8 米，身长 5 米，体重约 110 千克，前爪粗大有力，牙齿锋利还带有锯齿，可以用后肢站立、奔跑，生活在距今约 2.3 亿年前，可以说是恐龙的祖先。

 # 为什么要研究恐龙的粪便呢？

恐龙的粪便化石看上去黑乎乎的，和一般的石头没什么区别。但是这些看上去普普通通的石头却能给我们带来很多非常珍贵的信息。通过恐龙的粪便，我们可以获得的最直接的信息是它平时的食物是什么。在显微镜下观察恐龙的粪便，我们可以发现很多植物的碎末，通过对这些碎末的研究，可以知道恐龙吃的是什么植物。另外，我们还能了解到恐龙时代地球上的植物都有哪些，还能了解到那个时候的气候。2006年，生物学家在恐龙的粪便化石里发现了蘑菇的踪迹。通过细致地研究我们了解到，当时的这种蘑菇只能长在树上，而且只能在湿热高温的气候下生长，因此那个时候的气候我们便一目了然了。

小知识拓展

恐龙鱼

恐龙鱼是一种非常古老的鱼类，属于体型较大的鱼类。它的体格非常强建，很好饲养，种类不同的恐龙鱼，其生长的速度也就不一样。恐龙的主要食物是小虾、小鱼。恐龙鱼捕猎食物的时候一般是静止不动的，当食物来到身边的时候再采取行动。当然，在它们饥饿难耐的时候，也会采取主动的方式。